CNS ——————————————

中小学生阅读书系

BOOKS
FOR PRIMARY AND
SECONDARY SCHOOL STUDENTS

小学

PRIMARY SCHOOL

图书在版编目（ＣＩＰ）数据

　　苍穹信步 / 陈善广主编. — 长沙 ： 湖南科学技术
出版社，2022.2
　　ISBN 978-7-5710-1216-8

　　Ⅰ．①苍… Ⅱ．①陈… Ⅲ．①航天器舱外活动—
普及读物 Ⅳ．①V527-49

中国版本图书馆 CIP 数据核字(2021)第 178331 号

苍穹信步

主　　编：陈善广
出 版 人：潘晓山
责任编辑：杨许国　王　斌
出版发行：湖南科学技术出版社
社　　址：长沙市湘雅路 276 号
　　　　　http://www.hnstp.com
湖南科学技术出版社天猫旗舰店网址：
　　　　　http://hnkjcbs.tmall.com
印　　刷：长沙市宏发印刷有限公司
　　　　　（印装质量问题请直接与本厂联系）
厂　　址：长沙市开福区捞刀河大星村 343 号
邮　　编：410153
版　　次：2022 年 2 月第 1 版
印　　次：2022 年 2 月第 1 次印刷
开　　本：880mm×1230 mm 1/32
印　　张：8.75
字　　数：182 千字
书　　号：ISBN 978-7-5710-1216-8
定　　价：68.00 元

CTS 中小学生阅读书系

小学
自然科学

苍穹信步

Cangqiong Xinbu

陈善广　主编

CTS K 湖南科学技术出版社

导　读

　　一个民族有一些关注天空的人，他们才有希望；
　　一个民族只是关心脚下的事情，那是没有未来的。

——黑格尔

　　从丝绸之路上的胡椒种子，到大航海时代的冒险指南；从工业革命时期的蒸汽机，到更快更强的动力引擎，再到轮船、飞机、火箭……人类就这样一步一步地冲破地球的束缚，向着更高更远更广的领域挺进。终于，人类走进了太空。

　　1961 年 4 月 12 日，苏联成功发射世界上第一艘载人飞船"东方 1 号"，尤里·加加林成为世界上第一位遨游太空的航天员；1965 年 3 月 18 日，乘坐"上升 2 号"飞船的苏联航天员列昂诺夫在飞行中进行了世界航天史上第一次太空行走；1969 年 7 月 16 日，美国"阿波罗 11 号"载人飞船，第一次把人送上月球……历史的指针仍在有条不紊地旋转，人类探索太空的步伐也不曾停歇，空间站、航天飞机、火星探测器等相继出现在我们头顶的天空。

　　20 多年前，美国未来学家阿·托夫勒的《第三次浪潮》引起了世界各国的注意和研究，其思想震撼至今不绝。托夫勒在这本书中将人类社会划分为三个阶段：第一阶段为农业阶段，从大约1万年前开始；第二阶段为工业阶段，从17世纪末开始；第三阶段为信息化阶段，从20世纪50年代后期开始。我们目前正处于信息化阶段，一系列新技术正在崛起，形成了电子工业、航天工业、海洋工程、遗传工程四组相互关联的工业群。可以想见，当地球上的资源日渐枯竭，地球文明已经发展到极致的时候，人类势必将目光投向遥远的太空，以辽阔的太空作为未来的家园。

太空是继陆地、海洋、大气层之后的人类活动的全新领域。太空技术对人类社会的推动作用已经显现，其中包括卫星通信技术对建设信息高速公路和太空对地观测对社会可持续发展的贡献，以及进入太空和开发太空资源对人类社会发展的影响等。人类社会发展进步的历程表明，任何一次新的工业革命，无不以科学技术的重大发现为先导。当今世界上有远见的专家都认为，太空将是下一次人类新工业革命的场所，太空探索将成为21世纪以后人类文明进步的巨大推力。

作为正在发展中的大国，中国自然也不能错失这个千载难逢的大好机遇。近几十年来，我国的载人航天事业无论是在理论上还是在实践中都取得了重大的突破和进展："神五"实现载人首飞，航天英雄杨利伟成为中国飞天第一人；"神六"的再次翱翔，英雄航天员费俊龙和聂海胜实现了多人多天飞行的突破；"神七"的成功发射更是让国人振奋和自豪，因为在这次飞天之旅中，中国的航天员翟志刚在同伴刘伯明、景海鹏的协助和支持下首次走出座舱，离开飞船，完成了中国历史上的第一次太空漫步。

太空漫步是一种很诗意的说法，它在学术和航天领域中有一个

2

专用名词，叫作"出舱活动"，通常又被人们称为太空行走或太空出舱。

出舱活动是载人航天的一项关键技术，是载人航天工程在轨道上安装大型设备、进行科学实验、释放卫星、检查和维修航天器的重要手段，也是太空探索必须经历的重要阶段。它是多门类、多学科技术的综合，涵盖了机械、电子、自动控制、计算机、新材料、新能源、微电子、通信、医学、天文学、力学等多个学科的内容。出舱活动的实现，对于载人航天事业的发展来说有着举足轻重的影响，同时它还有利于带动相关科学技术的进步，促进高科技成果转化为生产力。自1965年列昂诺夫实现人类第一次出舱活动以来，人类已经进行了近三百次太空行走，出舱活动的航天员也达到了几百人次。

随着太空探索进入更高级的阶段，人类需要在其他星球登陆，探寻天外生命的痕迹，破译无垠宇宙的密码，这些科研活动也需要航天员离开飞行器，在太空中进行工作。因为人类在认识领域的每一次突破，将取决于人类活动空间和领域的进一步突破——航海时代如此，航天时代亦然。只有将自己的生命体本身从陆地、海洋和大气层，扩展到广阔无垠的太空，人类才能回答长期困惑自己的根本问题。只有思想和认识在这个层次上达到了飞跃，人类才能引来新一次的科技革命，推动人类文明的不断拓展和进步。从这个意义上来讲，掌握航天员太空出舱的技术不仅是必然，而且是必须。

鉴于此，为了进行一次全民性的有关"太空出舱"航天科普知识的传播和推广，同时也是为了让更多的人更好地关注中国航天、了解中国航天、热爱中国航天，中国航天员科研训练中心联合湖南科学技术出版社，精心打造了《漫步太空书系》这套有关太空出舱（太空行走）的基础性科普丛书。《漫步太空书系》是一套有关航天知识的系统科普教育丛书，尽量满足广大航天爱好者的求知需求，我们希望帮助所有关心祖国航天事业的人们了解和认识神奇的太空出舱活动，让他们从中享受这份振奋和愉悦。

本丛书共分为《探索印记》《苍穹信步》《飞天摇篮》三册。

第一册:《探索印记》

即人类太空行走简史。充分回顾40多年来太空出舱活动历史演变。

本分册着重介绍航天员舱外活动的历史。挑选典型的出舱活动案例，详细介绍从飞船、空间站、航天飞机开展的出舱活动的发展历史，回望人类漫步太空的脚步，并对人类未来将要进行的太空探索趋势进行了科学的展望。

第二册:《苍穹信步》

即太空行走是怎样进行的？详细说明太空出舱活动的过程。

本分册以出舱活动执行任务为线索，全面介绍太空漫步的具体过程及其原理，同时穿插了大量故事，讲述这些程序和过程是如何演化和改进的。例如航天员出舱时要求遵守一定的程序，包括系统检查装备、吸氧排氮、气闸舱泄压、执行任务、气闸舱复压等，每个步骤的背后都有很多知识点、关注点和丰富的故事情节。

第三册:《飞天摇篮》

即太空行走航天员是怎样炼成的？解释说明出舱活动对出舱航天员的生理、心理要求以及出舱航天员的选拔和训练过程。

本分册以轻松的笔墨介绍航天员要经过怎样的训练才能考取太

空漫步的"驾照"，用生动的实例展示选拔的苛刻标准和各种故事。通过国内外航天员的训练感受，向读者展示非常有特色的水下训练、失重飞机训练、出舱程序训练、模拟器训练以及舱外航天服实验舱真空体验训练。

本分册以翔实的资料，温情的笔触和独家的报道，记录了中国航天员首次进行太空漫步这一经典的历史性时刻，并为读者第一时间权威披露中国首位出舱航天员是如何通过层层苛刻的选拔和训练脱颖而出的，同时对我国的出舱技术、出舱装备及出舱训练设备设施等进行重点介绍。

在该套丛书的编写过程中，由我国太空出舱技术方面的资深专家、骨干科研人员和科普作者组成顾问和编委队伍，为该套丛书的编撰倾注了大量的心血，正是因为他们的专业、敬业和热情，丛书的科普性、趣味性、可读性才得以很好地体现。具体来说丛书有如下四个特点：一是科普性方面，立足航天员出舱活动知识的传播和普及，力求科学性、权威性、专业性相统一；二是人文性方面，追求一种诗意化的表述和形象化的解读，具有浓厚的人文色彩，力求避免以往大多数科普图书"一问一答"式的枯燥和单调；三是可读性方面，充满诗意的导语，精巧别致的解说，围绕着太空出舱这一主题进行多方位解读，尽力让读者读有所获、读有所感、读有所言；四是纪实性方面，针对"神七"飞天全过程做一个真实再现和详细记录，并在记录的过程中着重科普常识和知识点的介绍，以及我国在相关科技领域内关键技术的突破和成就。正如大多数专家和编委所说的，作为航天科技工作者，弘扬载人航天精神，普及载人航天知识也是他们义不容辞的社会责任和义务。在此，作为主编，我对他们所付出的一切，深表敬意和感谢。

　　我还要感谢为本丛书的编辑、出版做出过努力的所有人，是他们不辞辛劳的工作，丛书才得以顺利面世。他们一丝不苟的编校，独具匠心的设计，帮助读者更加准确、直观、感性地认识出舱活动的神奇与奥妙，从而对出舱活动有一个完整清晰、生动形象的认识。

　　需要说明的是，由于本丛书涉猎的知识面广，加之时间仓促，虽经多方审校，仍难免有疏漏错误之处，敬请广大读者指正。

2008 年 9 月于北京

前　言

德国哲学家康德曾经讲过这样一段发人深省的话——

有两种东西占据着我的心灵，若是不断地加以思索，就会使我产生时时翻新、有加无已的赞叹和敬畏之情，那就是：我头顶的星空和我内心的道德法则。

"头顶的星空"在经过康德的沉思和层层追问后，越来越多地被赋予形而上的意义，在人们的心里也慢慢蜕变成一个符号，让人驻足。不可知的宇宙，深邃浩森，它究竟携带和蕴藏了什么，让人类如此执着？几多神奇，几多期许，几多憧憬，几多描摹……那让人敬畏的星空就这样在人们的想象中流转曲折，熠熠生辉。

1969 年 7 月 20 日，阿姆斯特朗的成功登月使人类的足迹整整延伸了 380 000 千米。"这是一个人的一小步，却是人类的一大步"，一小一大，错落间彰显的是整个人类的伟大和锐意进取的姿态。自此之后，"太空漫步"（出舱活动）这个缀满了幻想的词语便开始重重地敲打人们的视窗和心灵。一次又一次的震撼，一次又一次的感叹，人类不只是进入太空，而且开始深入太空，探索太空，利用太空。

当出舱活动成为现实之后，人类就加大了对太空开发和利用的步伐。出舱活动本身所带来的意义和由此辐射出的价值，也随着时代和科技的进步日益彰显和提高。本册延续"出舱活动"这一主线，全面透视有关"出舱活动"的点点滴滴、方方面面。以此为支撑和填充，全书共分为"剑指苍穹""叩问九天""直冲霄汉""出舱装备"和"回望寰宇"五章。这是一个饶有趣味和富有价值的话题，值得我们为之动情、究源。

"剑指苍穹"着重于出舱活动的定义、目的和意义，从宏观上展现出舱活动；"叩问九天"全面解读出舱活动所面临的太空环境，同时也深入了解科学家和航天员是怎么样克服这些困难，畅享太空生活的；"直冲霄汉"描述的是出舱活动的全过程，以细腻的笔触介绍出舱活动的方法、方式和任务；"出舱装备"主要包括气闸舱、舱外航天服、太空交通工具以及其他神奇的工具等；在最后一章"回望寰宇"中，我们会明白出舱活动中存在着什么样的风险和危机，"出舱航天器一览"更是将历史上和现在执行过出舱活动的航天器一网打尽，让我们大饱眼福。

这将是一段奇妙的旅程，从曼妙神奇的太空环境，到多姿多彩的太空资源；从出舱活动的点点滴滴，到太空作业的方方面面；从来去自如的宇宙飞船和航天飞机，到可以长期驻守的空间基地……所有这些都围绕着"出舱活动"这个点徐徐铺开，慢慢延展，最终呈现在你眼前的将是一幅最为精美的太空飞天画卷。

一路前行，一路好景。

编　者

2008 年 9 月

目　录

举目，一钩淡月天如水。

　　时至今日，人类太空梦想已照亮现实，航天员终于可以冲出地球，漫步太空！屈子的追问终于有了归属，里尔克的天使们也变得触手可及。"太空漫步"已不再单单是杰克逊舞蹈中的华美盛宴，而成了人类航天史上的一场最最庄严的典礼和仪式。聚焦"太空漫步"，审视几千年来人类攀升的每一个足印。

　　遥望太空，深邃的奥秘拍打着人类文明的河岸，击起朵朵浪花，传出阵阵回声……昭昭星河，沉淀出无穷的智慧。人类的希望令探索的花朵芬芳灿烂，令生命的星空更加宽广无垠。

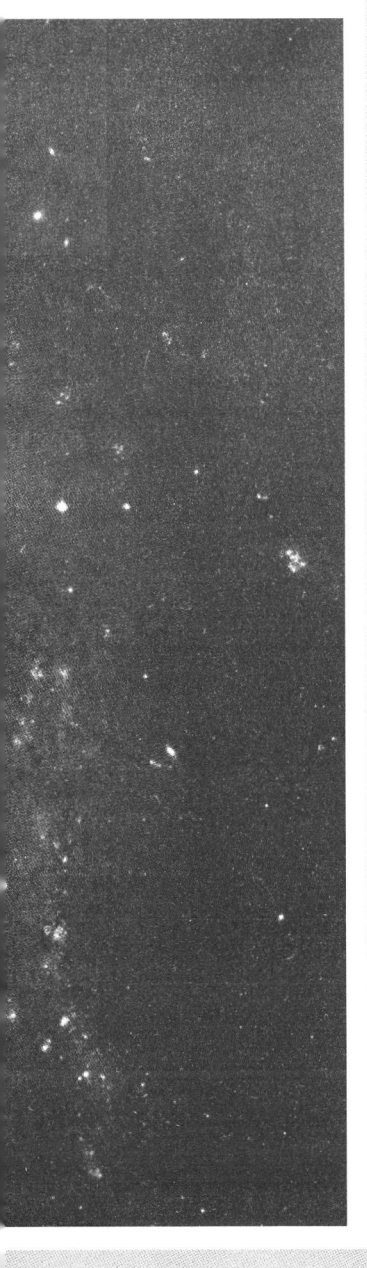

第一章
剑指苍穹

我仰望星空，它是那样寥廓而深邃；那无穷的真理，让我苦苦地求索、追随……

——温家宝《仰望星空》

什么是太空出舱

"在以7.9千米/秒的速度绕地球高速飞行时，头盔外的景观使我震惊：我正处于国际空间站的太阳能电池板的上面，这儿离地球386千米。此刻，我的下面就是60多亿人，而我是最高的一个……跨坐在747的垂直庞翼上照一张照片，你会得到很珍贵的回忆——500千米外的水平面升起黑丝绒般的天空，下面是缥缈的卷云拂过的天蓝色海洋。"

上面是一位美国航天员的日记，描写的正是他在进行太空出舱时的所见所感。如此美妙的时刻，难怪人类总是对那片蓝天外面的世界如此向往。

图1.1 列昂诺夫

列昂诺夫在做什么

1965年3月18日，一个值得纪念的日子。苏联航天员列昂诺夫（1934—2019）穿着笨重的出舱航天服，打开了"上升2号"飞船的密闭舱门，离开了带给他庇护的飞船，只身来到广袤的太空中。短暂的 12 分钟，人类航天历史从此翻开了新的一页。对普通人而言，也许他们当时只是觉得十分新奇，并不知道列昂诺夫到底在做什么，只是从电视上、广播中记住了一个名词：太空行走。

图 1.2　1965 年 3 月 18 日，列昂诺夫实现世界上第一次太空行走

看到苏联的成功，美国也不甘示弱，同年 6 月 4 日，美国的航天员埃德·怀特也走出"双子星座 4 号"飞船，在太空中行走了 21 分钟，并且完成了目视观测、拆卸工作及其他实验。

自此之后，列昂诺夫和怀特的这种行为就不断地被复制。短短几十年下来，人类就进行了数百次的太空行走。而随着人类载人航天事业的发展以及太空行走技术的进步，用"太空行走"这个词来指代人类在太空中所进行的各种活动已经显得力不从心，同时也失之偏隅。因此在学术界逐渐出现了另一个名词——出舱活动。"出舱活动"在中国，经常也被称之为"太空出舱"，这是在中国的媒体中流行的一种通俗说法。那么，到底什么是出舱活动，即太空出舱

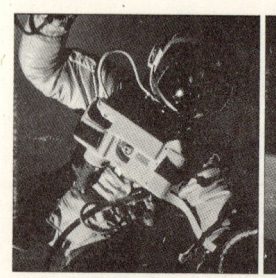

图 1.3　1965 年 6 月 4 日，美国航天员埃德·怀特实现美国的第一次太空行走

呢？它与太空行走到底又有什么不同？

　　这个问题在初期曾经处于一个备受争议的状态，大家众说纷纭，始终难以形成一个统一的认识。其中，作为最早实现并在后来的日子里多次进行太空出舱的苏联和美国，似乎最有发言权，但是他们的看法却完全不同。

美苏争议

　　也许大家会很奇怪，一个原本就很科学的行为，为什么会这么不好下定义呢？实事求是不就好了吗？美国与苏联的航天员都是从载人飞船中进入太空，似乎并没有什么不同啊？他们到底在争论些什么呢？不如我们先来看看两国分别给出的答案再来慢慢分析。

　　苏联对太空出舱的描述是：航天员在真空环境中进行活动。也就是说只要航天员处于真空之中，他就是在进行出舱活动。

　　美国则对苏联的说法提出了异议，他们认为，当航天员在进行出舱活动时，至少他们的脑袋应该是伸出舱外的。

　　怎么样，看出来有什么不同了吗？其中最大的不同就在于美国强调了航天员所处的位置，即太空出舱时，航天员必须以某种方式离开母航天器，这样才能算作真正出了舱。那你也许会问了，苏联的航天员也离开航天器了啊，那他们为什么没有强调这一点呢？其实从当时的太空出舱技术来看，苏联并不需要强调这一点，是由于美国在太空出舱时采取的方式决定了他们必须强调这一点。怎么，还不明白吗？那就让我们先来复习一下苏联和美国各自的第一次出舱吧。

列昂诺夫以头前脚后的方式，迫不及待地从航天器的舱门飘进更加狭小的气闸舱，别列耶亚夫在后面帮他关紧舱门。在检查了航天服系统、预吸氧排氮和对气闸舱进行减压后，列昂诺夫打开了舱门，漂入了太空中。

在接到太空出舱的指令后，埃德·怀特和吉姆·麦克迪维特检查了航天服系统，并对飞船进行了减压，当飞船的空气被排放完毕，达到真空状态时，埃德·怀特打开了飞船的舱门，进入了太空，吉姆·麦克迪维特则继续留在飞船内，控制飞船，以保证怀特远离推进器口。

以上两段文字是不是已经告诉你答案了呢？没错，苏联航天员在出舱时比美国航天员多了一个步骤，那就是先进入气闸舱，而就是这个气闸舱导致了两国在有关"太空出舱"这个问题上的不同认识和差异。

苏联的飞船上有两个舱，一个是密闭舱，一个是气闸舱。航天员在进行出舱活动的时候首先要从密闭舱里出来，再进入气闸舱，减压后再进入太空中，而另一名留守在密闭舱内的非舱外活动航天员依然处于正常的舱内气压环境中。所以进行出舱活动的航天员进入了太空真空环境中，也就是太空出舱了。

美国的飞船就不一样了，它并没有附带气闸舱，所以只有一个舱。因此当航天员要进行出舱活动时，就需要将飞船内的气压全部泄掉，来实现舱内正常压力与舱外真空环境压力的过渡，当出舱活动结束时再重新复压。这样一来留守在飞船内的航天员也是处于真空环境中，但是他固定在坐椅上没有走出舱门，所以不被认为进行了出舱活动。

现在真相大白了，其实两国的表述在当时看来都没有错，而随着太空出舱技术的进一步发展与完善，气闸舱已经全面运用到太空出舱活动中，成为太空出舱活动必不可少的一个工具，美苏两国的争议也慢慢演变成了美俄之间的合作。

太空行走不是"走"

美苏两国的争议是解决了，那太空行走呢？为什么在后来的表述中，"太空行走"这个词被"出舱活动（太空出舱）"所替代呢？这是随着太空出舱技术的发展，人们意识到"走"这个词已经不能概括这种行为了，因此有了"出舱活动"概念的提出。

航天员在太空并不是"走"，也许用"飘"这个词来形容更为合适。太空中一无所有，是没有大马路等着让你脚踏实地地走的。而且，在太空中人处于失重状态，航天员的身体飘浮在空中，也无法行走。要移动身体，一双脚还真是派不上用场，反而是一双手在起作用。在失重状态下，即使说"走"，也不是我们习惯上认为的必须

"头朝上，脚朝地"才是走，它无所谓上下左右，就是头朝下倒立或是身体横躺着都可以"行走"。因此，美国国家航空航天局（NASA）对舱外活动的描述是：穿着航天服的航天员在非压力或空间环境中进行的主动性活动。

图 1.4　飘浮在太空中的航天员

这一说法虽然消除了美苏（俄）两国在舱外活动问题上的分歧，但是在具体的表述上面仍然不够准确和全面。考虑到出舱活动这一现象所涉及的方方面面以及未来出舱活动的趋势和动向，可以这样说，出舱活动应该是指航天员脱离母载人航天器或建在其他天体上的基地，依靠自身携带的生命保障系统，在太空中或其他天体表面上进行工作和活动，然后返回母载人航天器或建立在其他天体上的基地的一系列过程的总称。其中，母载人航天器包括飞船、航天飞机、空间站和登月舱等。

如此来解说和描述就显得准确多了，也更为全面。首先，它明确了航天员必须脱离母载人航天器或建在其他天体上的基地才算是出舱活动，否则即使舱内的压力降到与舱外或基地外的压力一样的水平，也不算出舱活动；其次，它明确指出了出舱活动包括了在太空中的活动和在其他天体表面的活动，直接将在月球等天体表面进行的行走也纳入了出舱活动；再者，它指出了航天员依靠自身携带的生命保障系统走出其他天体上的基地也属于出舱活动，具有前瞻性；最后，它将出舱活动看成"过程"和"活动"，直接点出了其最明显的特征，更便于人们对出舱活动的理解和把握。

链接：什么是EVA

　　当我们试图进一步了解有关"太空行走"的内容而去查阅相关的著作或是学术资料的时候，经常会遇到这样一个英文缩写词:EVA。那什么是EVA呢？其实EVA就是太空出舱活动的英文缩写，全名为Extra Vehicular Activity，直译过来就是舱外活动。所以以后再听到EVA的时候，就知道是在介绍太空出舱了。

探索太空资源

"地球是人类的摇篮，但是人不能永远生活在摇篮里……"

俄罗斯航天先驱齐奥尔科夫斯基这句人类航天史上的名言，一直激励着无数后人对茫茫太空的孜孜追求。如果说初期的太空出舱活动只是人类为了满足自己好胜的欲望，试图通过这些高难度的征程来向对手示威，以此展现自己的强大的话（当然，其间也进行了一定的科学实验），那随着人类社会的发展，地球资源的日渐枯竭，这时人类将目光投向太空，则更多的是看中了那里无穷无尽的资源，太空出舱的目的开始清晰起来。

现在我们就来认识一下这些宝贵的太空资源。就人类目前已经认识到的而言，这些资源总体上可以分为三大类，即太空轨道资源、太空环境资源、太空天体资源。

太空轨道资源

我们都知道，汽车行驶有路线，轮船行驶要航道，就连飞机在天空中也不能自由地飞翔，需要有航线的制约，那么航天器的运行也应该有它自己的运行路线吧。其实由于受到地球引力的影响，航

9

图 1.5　高速公路、轮船航道、飞机航线和航天器运行轨道

天器在太空运行时，必须环绕地球沿着特定的椭圆轨道飞行，这个轨道就被称为太空轨道。航天器在太空轨道上运行时，可以快速而且大范围地覆盖地球的表面，获得地球信息，从而达到通信、遥感、定位等目的。我们把与此相关的一切统称为太空轨道资源。

　　到现在为止，对太空轨道资源的开发和利用最为广泛的就是航天器。在这些航天器中又以卫星为主，其中包括遥感卫星、通信卫星、气象卫星、导航定位卫星等。那么，太空轨道资源到底是怎么回事呢？它跟这些航天器或者说卫星又有什么关系呢？

　　我们知道，一个人，站得越高，他看到的范围就越大、越广。那么，在太空轨道中运行的卫星可以看到多大的范围呢？这在很大程度上取决于轨道的高度。到现在为止，人类在太空中开发和利用

的轨道分为很多类，在这
些轨道上运行着各种各样
的卫星和其他航天器。在
卫星轨道中我们经常说起
的有两条，一条是离地球
200～500 千米的低轨道，
另一条是距地面 35786 千
米的地球同步轨道，也称
静止轨道。处在低轨道
上的人造卫星可以看到

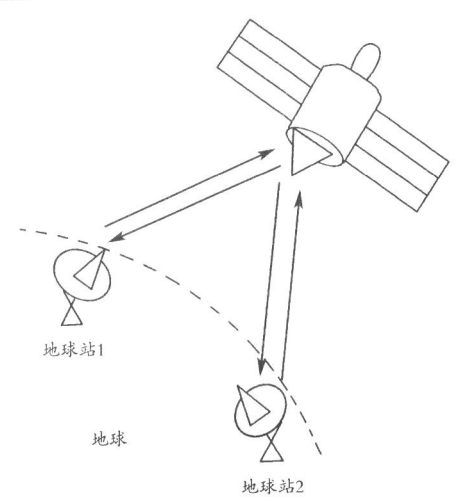

图 1.6　造型各异的通信卫星及其工作原理

14％的地球表面，而位于静止轨道中的航天器则可以观察到 1/3 以
上的地球表面。我们所说的地球同步卫星一般都是指处在静止轨道
上的卫星。

　　以通信卫星为例，它就是利用这样一种特殊的高远位置，来实
现大范围内的信号传递和输送的。一颗通信卫星就可以覆盖 1/3 的
地球，因此要想覆盖全球，只需要三颗同样的卫星就足够了。这样
的话不管我们在哪儿，都可以通过通信卫星来跟人交流。用手机打
电话就是这个道理，当你拨出电话号码后，手机就会把信号先传递
给中继站，再转到太空中的卫星，卫星收到你的信号后再把它们传

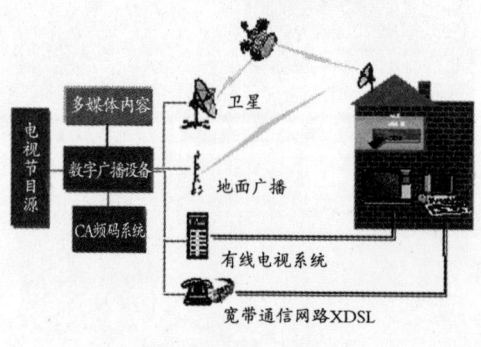

数字电视广播系统示意图

多媒体内容

电视节目源

数字广播设备

CA频码系统

卫星

地面广播

有线电视系统

宽带通信网路XDSL

图1.7　数字电视广播系统示意图

送给你想要联系的人所在位置的手机，这样你们就可以通话了。你只需坐在家里的沙发上就可以跟远在美国的朋友或亲人聊天、说话，看似很神奇，其实这全是通信卫星的功劳。

在现代人类社会，有一百多种业务靠通信卫星完成，除了传送语言，也就是让人们打电话之外，它还可以传送文字、图片、影像等。甚至可以这样说，人们的通信需要什么，它就能提供什么，像我们平时收看的电视节目，上网用的电脑，都离不开通信卫星。

目前，世界上80％的洲际通信业务和100％的洲际电视传播任务，以及为数众多的区域通信任务都由卫星担任。利用通信卫星还可以进行电视远程式教育、指导开展抢险救灾、架起空间信息高速公路等。利用通信卫星，人们可以更加充分地利用信息，从而大大提高物质生产的效率以及原材料和能源的利用率等，极大地改变人类的生产、生活和工作方式。

除了上面所说的，在太空轨道中还有另外一种极为重要的资源，它就是微重力环境资源。在绕地轨道上运行的航天器中的物体，受到两种力的作用，一种是地球引力，另一种是惯性离心力，当这两种力达到平衡时，重力基本上也就消失了，在这种情况下，物体只受到其他微小干扰力的作用，从而形成一种微重力环境。

在微重力的环境下，航天器里物体的重量，只有地面的十万分之一或百万分之一，因此物体会悬浮在空中，不会固定在一个地方。这种环境往往让刚到太空中的航天员觉得头痛不已、难以适应。但是它却为那些在地面上难以进行的科学实验带来了方便，如新材料的加工、药物的制取等。

图1.8　太空微重力环境下处于悬浮状态的牙刷、牙膏、剃须刀等卫生用品

在微重力环境中，没有重力，液滴很容易悬浮在空中，这样我们在冶炼金属时就可以采用悬浮冶炼法。用悬浮冶炼法冶炼金属时，可以不使用容器，这样就不用考虑冶炼温度对容器的影响，冶炼温度再高都没有关系。这样我们就既可以进行极高熔点金属的冶炼，又能避免容器壁的污染和不均匀的成核结晶，从而改变晶相组织，提高金属的强度。

除此之外，在微重力环境下，气体和熔体的热对流会消失，密度不同的物质的分层和沉积也会消失，因此对生产极纯的化学物质、生物制剂、特效药品，以及均匀的金属基质复合材料，玻璃和陶瓷等也很有用。

图 1.9 太空微重力环境下处于悬浮状态的航天员

太空环境资源

太空环境跟地球环境不一样。太空中没有空气，没有水，却有很强的宇宙辐射，如果不采取特别的防护措施，人在太空中是不可能存活的。可就是这样一种环境，却有着很高的利用价值。

高能重粒子环境

太空中有着各种各样的高能量宇宙辐射，这些高能重粒子会对人的身体产生伤害，可是也并不是没有好处。处于高能重粒子环境中，可以使种子、微生物以及各种细胞等地球生物的遗传密码，在排列上发生变化，产生变异，从而产生更有价值的新的物种。

太空旅游

自从美国人托蒂成为世界上第一名太空旅客以来，到太空中旅游观光已成了一种极具发展前景的产业。到现在，全球已经有几十名富翁表示希望到太空旅游。另外，太空饭店、太空度假村、太空巴士、太空游乐场等也都已经在人类的规划之中。

太空天体资源

太空中存在着各种各样的天体：恒星、行星、彗星等，每一种天体或者说每一个星球上都蕴藏着巨大的能量和资源，而每个天体

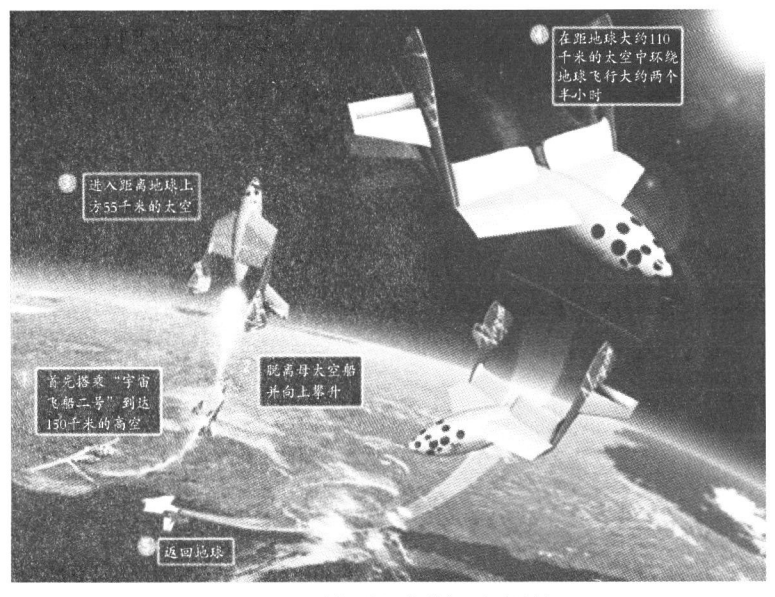

图 1.10　维珍集团的亚轨道太空旅游计划

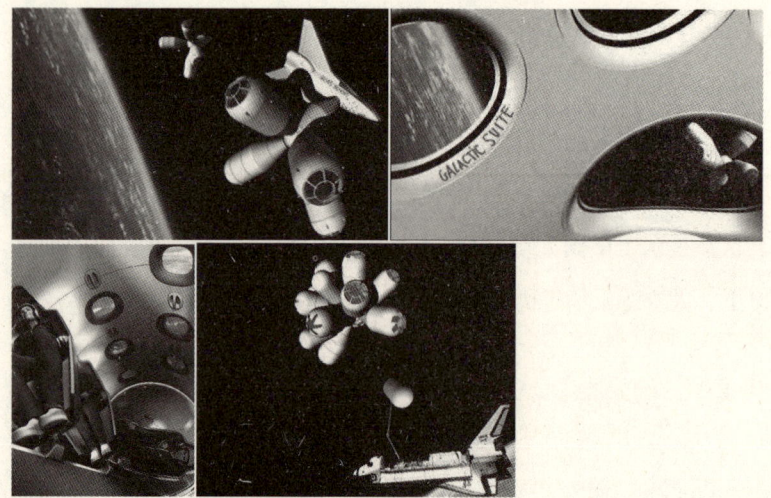

图 1.11　太空旅馆（假想图）

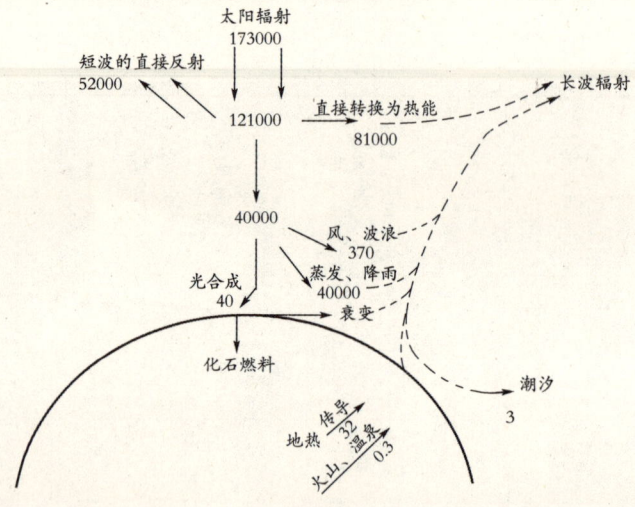

从图上可以看出，地球上的风能、水能、海洋温差能、波浪能和生物质能以及部分潮汐能都是来源于太阳；即使是地球上的化石燃料（如煤、石油、天然气等），从根本上说也是远古以来储存下来的太阳能，所以广义的太阳能所包括的范围非常大，狭义的太阳能则限于太阳辐射能的光热、光电和光化学的直接转换。

图 1.12　地球能源流示意图

由于形成原因、所处位置和环境的不一样，所拥有的资源也是不同的。所有的这一切都有待于人类去进一步探索和开发。在这些资源中，最有可能被人类利用而

图 1.13　暴怒的太阳释放出强力耀斑

且也已经在开发之列的，首推太阳能。

　　作为脾气暴躁的大火球，太阳每时每刻都在进行剧烈的反应，从而产生巨大的能源流。据测算，太阳每秒钟送给地球的热能量达81万亿千瓦，相当于现今全世界每秒发电量的数万倍。地球每秒钟所获得的太阳能量相当于燃烧 500 万吨优质煤所发出的能量。如此巨大的能量对于人类来说太有诱惑力了。

　　然而太阳所散发的热量中只有二十二亿分之一的能量可以到达地球。这样大的差距让我们感到惊讶，同时更感到可惜，这么多的能源岂不是白白浪费了？有什么办法可以减少这种浪费，充分利用太阳能呢？

　　当我们实现太空出舱以后，这个问题也就迎刃而解了。因为我们可以在太空中建立发电站，从而获得被地球大气层反射、折射、散射和吸收后所损失的能量，还可以解决晚上没有太阳难以获得太阳能量和阴雨天太阳能量减少等问题。另外，用太阳能发电还能避

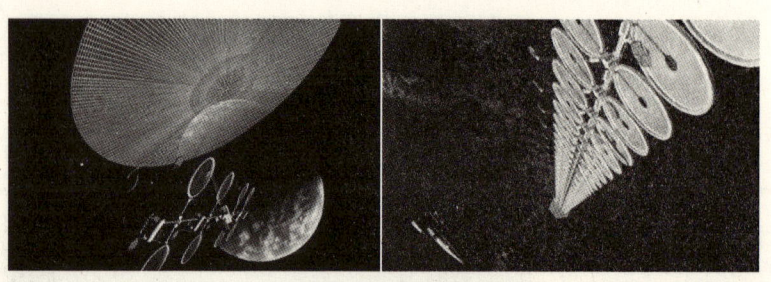

图 1.14　太空发电站（假想图）

免火力发电污染严重、消耗燃料和水力发电水源严重不足的难题，更让人感到高兴的是它不需要架设输电线路，可以直接为空间站或航天飞机供电，也可向地面供电。目前美、日等航天大国正在研究试验建造太空发电厂，开发新能源。

太阳能利用的另一种形式是建造人造小月亮和人造小太阳。这样不但可以为城市和野外作业提供照明，还能够延长高寒地区的无霜期，从而保证农业丰产丰收。

除了太阳之外，月球上也有丰富的资源。据目前已经进行的科学探测表明：月球上有大量的氧、硅、铝、铁；月球上没有大气层，因此也就不存在对光线和电波的吸收、散射和折射等，可以直接承受太阳的辐射；月球大气中没有尘埃污染，没有磁场；月球的背面没有人造光源和射电的干扰，地震很微小；月球有漫长黑夜……所有这一切都表明月球是天文观测、生物科学和高能物理等实验的理想场所。

月球还是近地空间除地球外唯一的大型天体。由于月球的重力很小，仅为地球重力的 1/6，因此，它还可以作为飞向火星的中转站，从那里发射航天器，只需要从地球上发射的 1/6 的能源。

另外，金属型小行星上有丰富的铁、镍、铜等金属，有的还有金、铂等贵金属和珍贵的稀土元素。彗星上有丰富的水冰。这些资源和月球上的资源可用于建设航天港和太空城，也可供地球上使用。

图1.15　月球开发（假想图）

空间服务

出舱活动，从长远意义上来说，是为了探索无穷无尽的太空资源，满足人类对能源的需求，保证未来的发展。在航天员出舱活动之前，人们只能通过向太空发射各种人造卫星或探测器来间接了解太空。而现在，航天员的出舱活动使得人类开发、利用太空中的种种资源以及到太空旅游等宏伟设想变得极有可能甚至是触手可及。

从多次出舱和登月过程中的月面活动来看，其近期的意义与作用是完成太空作业，即满足一种对空间服务的需求，具体包括对航天器的维修与维护、搭建大型空间站、完成某些飞行任务、实施太空救援等。

航天器的"维修工"

家里的电视坏了，不能看了，我们可以打个电话，叫专门的维修人员来修理。但是如果运行在太空里的航天器坏了，怎么办？在太空出舱以前，人类发射到太空的航天器，尤其是卫星，差不多都是一次性的，因为一旦坏了，就没法再修理，只能眼睁睁看着它们报废。

太空出舱实现以后，这个长期困扰人类的问题总算是解决了。航天员通过出舱活动可以对航天器进行必要的维护与维修，从而挽救航天器，确保飞行安全和任务完成。

图 1.16　航天员进行出舱活动对航天器进行维修

制造航天器不是一件容易的事，它是各种高科技的复杂综合。要保证航天器的在轨运营更是一件难上加难的事，其难度大、风险高，即使在地面进行了充分的研究和实验，在太空仍然可能出现各种问题。当这些突发性的问题影响到航天员的安全和任务的完成时，就必须依靠航天员的出舱活动来解决了。

2005 年，美国"发现号"航天飞机与国际空间站成功对接后，虽然没有出什么大问题，但航天飞机中部的隔热瓦却出现了一些异常。这问题要是放在从前，我们就只能束手无策、听天由命了。但现在不同了，发现这一问题后，美国航天中心立即决定进行出舱维修。他们先后进行了 3 次出舱活动，认真查看了隔热瓦的损坏情况，并及时进行了修补。如果没有航天员的这次出舱修补，美国的"发现号"航天飞机就很有可能造成类似 2003 年"哥伦比亚号"航天飞机失事的惨剧。

图 1.17　为"哈勃"进行"心脏移植"

航天员的出舱活动除了维修航天飞机外，还负责种种卫星和太空实验室的维护等。美国人就曾通过太空出舱修复了"天空实验室""太阳峰年卫星"和"哈勃"空间望远镜。

空间站的"建筑师"

在当今以及未来的出舱活动中，有一个很重要的内容就是搭建空间站。空间站是航天器的一种，它有一个特点就是飞行的时间比较长，可以在太空中飞行几年甚至十几年，因此航天员就可以像在地球上一样在其中生活和工作。

图 1.18　航天员正在太空组装国际空间站

空间站还有一个特点就是体积很大，只有这样才能保证有足够的空间供航天员居住和工作。但是，依据现有的运载能力，建造空间站所需要的材料不可能一次性运到太空，因此只能分成几部分，一个舱段一个舱段地发射升空，然后在空间进行组装。空间站的组装离不开航天员的出舱活动，它必须由出舱航天员一点一点地完成。例如,正在建造的国际空间站在组装时就需要航天员进行 160 多次出舱活动。

因此,在航天员的出舱活动中,他们所扮演的一个重要角色就是建设这些空间站的"建筑师"。只有建造了一定规模的空间站,人类才能携带必要的生命保障物品和科学试验设备入住太空。也只有这样,航天员才能在太空中长期驻留,开展多种多样的科学研究和生产工作,从而更好地探索和利用空间环境。

由于载人飞船、航天飞机在轨飞行时间较短而且容积有限,限制了人类对太空的探索、开发和利用,因此必须发展大型空间站。在人类航天史的发展中,苏联"和平号"空间站、美国"天空实验室"、登月工程,以及多国共同建造和运营的国际空间站所取得的巨大成就中都包含了航天员出舱活动的贡献。

图 1.19　左图为在国际空间站组装由加拿大研发的灵巧双臂机器人,右图为灵巧机器人

身负使命的"特派员"

我们知道,每发射一次航天飞机或者宇宙飞船都要耗费大量人力、物力和财力,因此,航天员的每次升空都有着明确的目标和任

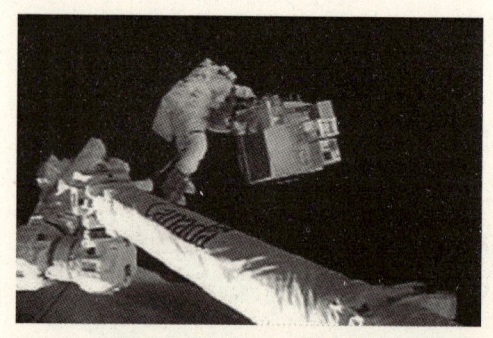

图1.20　2008年2月15日美国"亚特兰蒂斯号"航天飞机航天员斯坦利·洛文进行太空行走

务。他们是身负使命的"特派员"，是带着人们的期望飞向太空的，太空出舱也不例外。以1965年人类第一次实现太空出舱为例，当时的苏联只有两个目的：一是在载人航天活动中进行一次技术性的突破；二是使苏联在航天技术方面走到美国前边，在全世界产生重大影响。说白了就是为了争强好胜。

美国实现太空出舱以后，人们才谈到太空行走的实用意义。这时候的出舱活动更多的是为了方便地完成某些飞行任务，如抓取和释放卫星等。与此同时，还可以充分利用太空高真空、高低温交变剧烈及辐射等特殊环境因素，开展科学研究。例如，美国航天员为了释放或抓取卫星，曾多次在航天飞机上进行出舱活动，据说用这种方法发射和回收卫星不但可以提高效率，还可以节约大量成本。

在人类航天史上的出舱活动中，美国、俄罗斯的航天员还多次在太空中或航天器外表面安装过有效载荷试验装置，通过回收大量试验样品，取得了非常有价值的研究成果。

突发事故的"救世主"

现实生活中，出车祸了可以打"120"，发生火灾了可以打"119"，遇到危险了可以打"110"，那么要是在太空中出现了危险

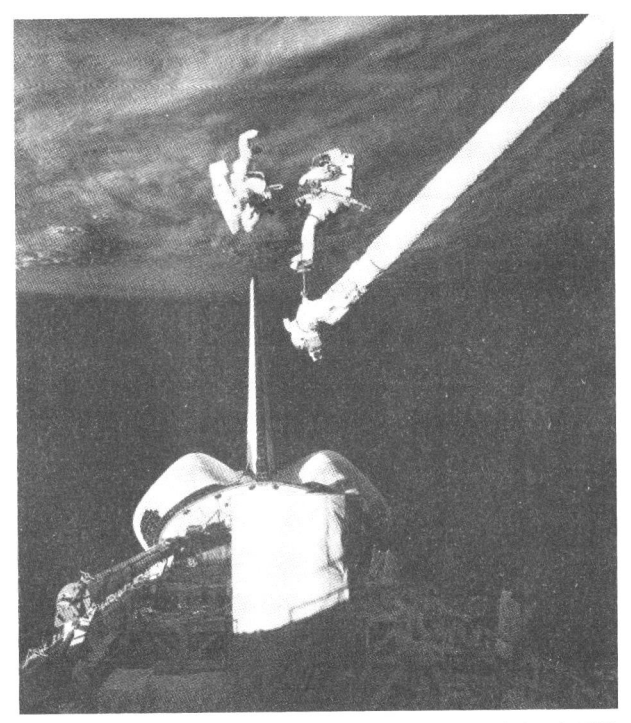

图 1.21 1994年9月16日航天员卡尔·米德（左）和马克·李在"发现号"
航天飞机上做援救演习，后来人们将之称为"太空双人舞"

情况，又该拨哪一个急救电话呢？答案是，没有。就算你跟地面取
得了联系，远在千里之外的人们又能怎样呢？想帮也帮不了。因
此，唯一有效和能够采取的措施就是航天员进行出舱活动实施自救
或互救。

载人航天不但风险高而且技术复杂。这就是说，它非常危险，
而且一旦危险发生了还很难处理，搞不好就机毁人亡。因此，当太
空中飞行的载人航天器，如飞船、航天飞机、空间站等，出现严重
故障时，里面的航天员就需要转移到另一个可供航天员正常生活和

25

安全返回的航天器中。不过我们也应该想到，正在执行出舱活动任务的航天员也很有可能因为某种原因而无法自主返回母航天器。

以上的种种情况，虽然在迄今为止的载人航天活动中还没有发生过，但这并不表明它们就不会发生。我们必须为这种可能性准备好应对措施，一旦出现突发事故或危险状况，可以马上进行自救或互救。

太空出舱对未来的影响

从 1909 年第一架飞机横越英法海峡，到 1961 年第一艘载人宇宙飞船绕地球巡行，人类征服太空只用了短短 50 多年的时间。从 1965 年人类实现第一次太空出舱以来，40 多年的发展又以无可厚非的事实向世人表明，载人航天尤其是太空出舱不是郑和下西洋，而是哥伦布发现新大陆，他开启了一扇通往未来的大门，同时为人类的发展和共同富裕提供了无穷的动力。

太空出舱这一历史性的突破和进步，不仅圆了人类千年的梦想，同时也开启了人类对未来的无限憧憬和渴望。不管是从现实的意义看，还是从长远的发展来考虑，太空出舱均有着举足轻重的地位。它对人类科学、经济和社会的发展，甚至对人类生活的方方面面都产生了极为深远的影响。

太空出舱的实现使得我们可以在太空中做各种各样的科学实验和研究，尤其某些在地球环境中无法完成的试验，现在我们可以拿到太空去做。这在很大程度上有利于解决科学发展中所遇到的困难，极大地减小了科学发展所面临的阻力。有许多科学领域的学科放在太空中去观测研究会有突破性的进展，例如天文学、海洋学、气象学和地质学等。

图 1.22　太空出舱实现后太空开发的广阔前景，图为人类在月球上所建设的开发基地（假想图）

　　太空出舱还有着不可估量的经济价值。太空所具有的商业开发价值主要体现在它的两个独特的环境条件：失重和真空。不同的物质在太空环境里与在地球上的实验室里所反映出的实验结果全然不同，因此，在太空就有可能制造出在地球上所无法制造的产品，如新药、新型合金材料、新型的电脑集成电路块等。如此发展势必给未来的市场带来革命性的变化。

　　对于一个国家来说，掌握了太空出舱技术，不仅可以提高自己在国际上的地位和影响，更重要的是可以极大地鼓舞人心，增强国家的凝聚力和向心力，从而激发更加强烈的民族自豪感，燃起更加强烈的爱国热情，从而对未来的现代化建设产生积极而深远的影响。

人类开展载人航天的目标是拓展人类生存的空间、开发太空资源、提高人类的生活水平及为人类未来的发展提供持续动力。因此，我们要做的是：首先，通过空间站积累人类长期空间飞行的经验和技术；其次，以无人探测器为先导寻找适宜人类生存的星球，或人类发展需要的资源，进行载人登月或登陆火星，试验星际开发的技术；最终选择适当的星球进行实际开发，为人类发展提供新的空间和资源。而在这一系列宏大的构想中，太空出舱是至为关键的一步。

　　科幻小说的奠基人儒勒·凡尔纳曾这样说过："在此人是想象，在彼人就可能成为现实。"伴随着太空出舱的实现，我们有理由相信，人类关于太空的美好想象和期待在不久的将来一定可以成为现实。

　　在此人是想象，
　　在彼人就可能成为现实。
　　　　　　　　——儒勒·凡尔纳

　　海德格尔说，任何发问都是一种寻求，寻求一种认证，寻求一份认同。面对着茫茫宇宙，巍巍太空，汨罗江畔的屈原，声音戚戚然，曰："遂古之初，谁传道之？上下未形，何由考之？"他问天问地，问尽人世的颠沛流离，问断人生的百态千姿。"我从哪里来？""那个地方究竟是什么样子？"——屈原的戚戚然里有大志。时隔两千多年，奥地利诗人里尔克面对这无限空间的永恒沉默，也忍不住呼喊："究竟有谁在天使的阵营倾听，倘若我呼唤？"人类不甘寂寞的思想牵引着不懈探索的脚步，穿越茫茫太空寻找千年的希望；天空因真实而永恒，宇宙因虚幻而永恒。

第二章
叩问九天

究竟有谁在天使的阵营倾听，倘若我呼唤？
——里尔克《杜伊诺哀歌·第一哀歌》

任何发问都是一种寻求，寻求一种认证，寻求一份认同。

——海德格尔《存在与时间》

太空环境

从南天门的巍峨雄壮到广寒宫的凄冷清寂，从传说中金光闪闪、气势恢宏的如来居所到神话里紫竹婆娑、云雾缭绕的观音圣地，不可及的高远之地，尤其是深邃广远的天外之物总能持久地挑拨人的神经，激发出无数的想象。于是，就有了牛郎和织女的凄美与酸楚；于是，就有了七仙女下凡的果决与浪漫……如此，我们禁不住要问：那承载了几代人想象和寄托的高远之地、天外之乡到底是什么样子？它跟我们居住的地球又有什么不同？

太空真空环境

到嘴的鸭子怎么会飞走

"这到嘴的鸭子你怎么能让它飞走呢？！"

在现实生活中我们经常能听到这样一句取笑或调侃别人的话。这话的意思就是说进了嘴的鸭子是飞不走的，如果连到了嘴的鸭子都让它飞走了，那就说明要么你笨蛋无能，要么你倒霉透顶。当然，这是在地球上，要是在太空的话，恐怕就没人敢这样说了。

为什么呢？因为在太空，到嘴的鸭子突然飞走是再平常不过的事情了。不只到嘴的鸭子，哪怕是喝到肚子里的水、已经嚼烂了的饭菜，你要是不小心打一个饱嗝或者没有把嘴闭严实的话，都极有可能从嘴里边飞出来。这是真的吗？那又是为什么呢？

在太空，到嘴的鸭子经常飞走是千真万确的事情，原因就在于周围是太空真空环境。太空真空环境里几乎没有重力，所有的东西都飘来飘去的，科学上管这叫失重。在失重状态下，你只要轻轻一跳，就能跃出十几米，甚至飞起来。一个弱不禁风的小女子也可以轻而易举地把一个彪形大汉抓举过头顶。这样的话，在太空里岂不是人人都成了绝世的武林高手，想干什么就干什么？你要是这样想，就大错特错了。在太空中你虽然可以做到以一敌百，但这并不意味着你就可以随心所欲，无所不能。

首先，太空中没有大气。没有大气当然也就没有氧气，要知道，人离开了氧气可是活不下去的。其次，太空中没有水。水是生命之源和万物之本，没有水，人一样活不了多久。再者，太空中还没有声音。地球上，声音是靠空气来传播的，没有了空气自然也就没有了声音。别人说话你听不到，你说

图 2.1 地面上看似不可思议的事情在太空中却极为平常

话别人也同样听不到，在太空里人人都变成了"聋子"和"哑巴"。

越说越离谱，越说越不可思议了。但这却都是铁一样的事实。怎么会这样？

地球本身是有引力的，这种引力将大气紧紧地吸附在地球的周围，从而形成了我们通常所说的大气圈（即大气层）。这样在地球的表面就形成了人类赖以生存的空气。大气的密度会随着高度的增加而迅速下降，因此越往高处走空气就越稀少，大气压力也就越小。当达到一定高度时，气体分子的密度就会变得非常低，由此就形成了真空。真空可以分为五种：低真空、中真空、高真空、超高真空和极高真空。太空是超高的真空环境，载人航天器的运行高度则处于极高真空中。

太空真空环境和地球环境的不同

地球因为万有引力，使得大气紧紧地环绕在自己的周围，并由此而形成人类赖以生存和生活的居住环境，包括适宜的温度、空气及各种循环等，因此生活在地球上的人类是无比幸福的。在太空真空环境中几乎没有空气，更没有水，其温度的变化也跟地球截然不同。在地球上由于有大气层，温度为大气温度，大气层起着阻隔过量热辐射和保温的作用，因此温度变化比较小。而在太空中，没有大气的保护，温度是直接由物体辐射决定的，因此往往一天之中，向着太阳的一面温度高达几百摄氏度，而背着太阳的一面则是零下几百摄氏度。说简单一点就是，人在地球上可以安然舒适地生活娱乐，而在太空真空环境里如果不借助特制的工具和设备则寸步难行，甚至根本就不可能存活。

太空真空环境对人体的影响

从几千年前起人类就一直梦想着有一天可以飞向太空。人们想象太空是如何的美好，那里有天堂，有神仙，有美丽的风景等。但是人们却从没有想过遥远的太空里会有什么危险。幻想总是美丽诱人的，因为它饱含了人们的期待和寄托。

我们已经知道，在真空环境中人类根本就不可能存活，除非借助于一些特殊的设备和工具才能够维持生命。随着载人航天越来越快的发展，特别是航天员出舱活动的实现，我们已经可以凭借自身的智慧和力量进入太空，但是任何一种尝试都是有代价的。伴随着人类进入太空的步伐，人类在和太空博弈的同时也不可避免地受到种种因素的制约。

减压病就是其中最为常见的一种症状。减压病是由于航天器或者航天服内的人工大气压力环境所引起的一种症状。它虽然跟太空真空环境没有直接的联系，但却是人类为了进入太空，克服太空真空环境所付出的代价。由于气体在液体中有一定的溶解性，所以人体组织和体液中都溶有一定的气体。人在进入低压环境时，人体组织和体液中溶解的气体就会分离出来，在血管内形成气泡，如果气泡过大过多会压迫人体内部的组织，使某些组织受损，或在血管

图2.2　太空飞行中的航天员

内形成气栓堵塞血管，这样就引发各种病症，航天医学中称之为减压病。

减压病的主要表现是关节疼痛，有时也会出现皮肤刺痛或瘙痒以及咳嗽、胸痛等症状，严重时还会引发中枢神经系统的病症，甚至导致神经循环虚脱。针对这种情况，出舱航天员除了要进行专门的应对性训练外，另一个十分重要的方法就是在出舱前进行吸氧排氮。

空间热辐射环境

热环境释疑

空间热辐射环境主要包括太阳辐射环境、地球反照辐射与冷黑环境等部分。

太阳辐射

太阳是一个巨大的辐射源，每时每刻都在向空间辐射大量的能量，地球所能吸收的大约是总能量的二十亿分之一，其余都存在于宇宙空间。太阳辐射主要是太阳的电磁辐射和粒子辐射。

地球反照辐射

射入到地球大气中的太阳辐射能中的一部分，受到地球大气的散射和云层及地面的反射，

图 2.3　太阳，作为一个巨大的辐射源，其中蕴藏了极为丰富的能量

36

会返回宇宙空间，另一部分被地球表面和大气层吸收转化为热能，加热地球表面及其大气层。

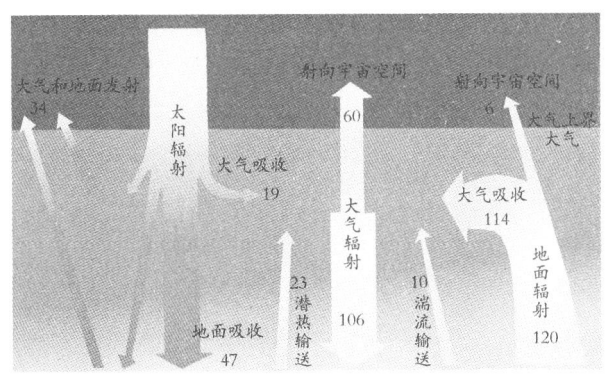

图 2.4　太阳辐射与地球反照辐射

这一过程称之为地球反照辐射。

冷黑环境

当阳光透过大气层进入地球时，大气本身就对太阳起反射作用，这称为一次反射；穿过大气后到达地面，地面也对阳光有一定的反射作用，这是二次反射。通过这两次反射，地球吸收了适量的太阳辐射和能量，因此才能保持温度的平衡和稳定。然而在太空中却不一样。太空中没有大气，更没有地面，因此，在空间飞行的载人航天器与出舱航天员的航天服表面所辐射出的能量全部被太空吸收，没有二次反射。这就是说，宇宙空间吸收了载人航天器与出舱航天员的航天服表面辐射出的所有辐射能，我们把这

图 2.5　飘浮在茫茫太空中的航天员，所面临的一个巨大考验就是周身的冷黑环境

种环境称为冷黑环境。

水深火热：热环境对人体的影响

热环境最大的特点就是温度的变化。在热环境中温度的变化幅度和差异非常大，大到让人不可思议。它的温差平平常常就可以达到两百多摄氏度，而在地球上最多也只有几十摄氏度而已。这种极冷与极热的环境对于出舱航天员来说是一个极大的挑战和考验，同时也是出舱活动所必须克服的一个难题。

载人航天器在轨运行和航天员出舱活动时，与环境之间不断进行传热，从而影响着航天器、航天服表面和内部的温度。在空间热环境与内部热流的共同作用下，载人航天器或航天服受太阳照射的一面，温度可达120℃，而背对着太阳的一面，温度可达-100℃以下。热的时候就像是放在火堆上烤，而冷的时候则像是置身于10000米的海底，对于出舱航天员来说，这两种情况是同时存在的，其困难和危险不言而喻。

图2.6　太空中飞行的航天器

身处水深火热的恶劣环境，我们有专门的环境控制与生命保障系统，航天员出舱活动时也有特制的航天服。但是，一旦这些设备出现故障，航天员所处的热环境也就会偏离理想状态，出现过冷或过热的现象。在高温或者低温的环境下，人体的热平衡受到破坏，首先感到的就是不舒服，工作效率随之受到影响，而耐力也会降低很多。不只如此，极端的高温或低温环境将直接危及人的健康乃至生命安全。

图 2.7　身处"水深火热"之中的出舱航天员

由高温环境或低温环境所引起的人体反应是一种典型的全身性热紧张或冷紧张。这种热紧张或冷紧张主要是由散热不足或过快而引起，其过程大致可分为代偿、耐受和病变损伤三个阶段。在不同的阶段，人的身体有不同的反应和变化，当达到病变损伤阶段时就已经是很危险的了。

链接：热紧张症状下的人体反应

1.代偿阶段。当环境温度上升或持续到一定程度时，人身体的热平衡就会被破坏，体内热含量也会增加，体内的温度和皮肤的温度都会有所升高。由于航天员在地面接受过大量的针对性训练，因此这一阶段对于航天员来说还构不成安全威胁。为了增加散热，体温调节机制的作用充分调动，一方面通过血管扩张增加皮肤血流量，一方面就是出汗和排汗。这样就使得身体达到新的动态平衡，从而保证航天员的人身安全不受威胁。由于这一阶段能保持较长的时间，因此也称之为充分代偿段。

2. 耐受阶段。代偿阶段的进一步发展。在血管不断扩张、排汗不断增加的同时，体温也在不断上升，体内的温度和皮肤的温度也逐渐趋于一致的向恶性方面发展。这个时候容易出现的症状有：由于血管的过度扩张，血液循环速度变慢，从而造成心血不足，心率过快，导致大脑和肌肉缺血；由于出汗过多，从而引起失水、失盐，容易出现口渴、头晕、恶心等不良症状。这个时候，航天员的主观感受会由代偿阶段的热转变为极热，出现头晕、疲乏、呼吸困难、肌肉疼痛等。这也表示人体的生理承受耐力已接近终点。

3. 病变损伤阶段。体温调节机制完全被抑制，人体进入热病阶段。这一阶段会出现各种功能性热病：由于循环障碍而引起的热衰竭；由于低碳血酸而引起的热昏厥；由于缺水而引起的汗腺枯竭；由于缺盐而引起的热痉挛等。出现这些症状时如果及时救护的话还可能很快恢复，若救护不及时或不加救护则会对航天员的身体特别是大脑产生严重损伤，以致危及生命。

链接：冷紧张症状下的人体反应

1. 代偿阶段。环境温度下降后，体温调节机制立即发生作用，通过血管收缩，减少皮肤血流量，以适当降低皮肤（主要是肢体）的温度，从而保持体内温度的稳定，维持全身的热平衡。这一阶段人的主观感觉往往仍然良好，但实际上身体已偏离了正常的热平衡状态，进入轻度冷紧张。这一阶段也同样可以称之为充分代偿段。

2. 耐受阶段。由于环境温度过低或持续降低，导致体内温度的下降，从而无法维持新的热平衡。这个时候，人的肌肉开始震颤，也就是我们平常所说的打寒战。因为打寒战时可以产生一定的热量，以补充体内温度的下降，但相对于体表过快的散热还是十分有限的。而且打寒战本身又往往增加了散热，因此并不能阻止体内温度的下降。随着冷紧张的发展，寒战由局部蔓延到全身，身体极不舒服，人也会感到极冷。这时，除了四肢疼痛，不停地打寒战外，还会出现呼吸不平稳、神志不清等症状。

3. 病变损伤阶段。体温调节体制完全被抑制，代偿机能完全丧失。这一阶段将出现各种无能性病症：体温调节机能失灵、寒战停止、呼吸失律、心率减慢、语言发生障碍、记忆丧失、完全失去工作能力等。如不及时进行复温抢救，冷紧张将进入最后的冷致损伤阶段，身体濒临死亡。

空间辐射环境

自然中的一切物体，只要温度在绝对零度以上，都以电磁波的形式时刻不停地向外面传送热量，这种传送热量的方式就称为辐射。在日常生活中，辐射离我们其实并不遥远，它们甚至可以说是无处不在的。我们所使用的家用电器，如电视、电冰箱、空调、微波炉、吸尘器；我们用的办公设备，如手机、电脑、复印机；我们屋里面的装饰材料，如大理石、复合地板、墙壁纸、涂料；此外还有高压线、变电站、电视（广播）信号发射塔等，都不同程度地产生和进行着各种辐射。

太空环境跟地球环境可谓大相径庭，它没有大气没有水，更少有地球上形形色色的大量物品。但是，在太

图2.8　自然界中的一切事物都无时无刻不在向周围产生着各种各样的辐射，就如同灯光照射一般，太空也不例外

空中也同样存在着辐射，而且其辐射的强度和伤害度都比地球要高出许多。我们甚至可以这样说，太空环境就是一个充满着各种辐射的环境。

太空的空间辐射环境主要包括两种：电离辐射环境和非电离辐射环境。

电离辐射环境

空间电离辐射环境由天然辐射环境和人工辐射环境两部分组成。天然辐射环境包括来自银河系的银河宇宙线，来自太阳的太阳宇宙线，以及被地球磁场捕获带电粒子形成的地球辐射带。人工辐射环境包括高空核爆炸后所生成的核辐射环境以及航天器携带的设备中所使用的辐射源，如核反应器、仪器校准源和科学实验中使用的放射性核素。

空间电离辐射环境中主要成分是质子和电子，除此之外，还有 α 粒子、重粒子等，当这些粒子与人体相互作用时，将在人体内部

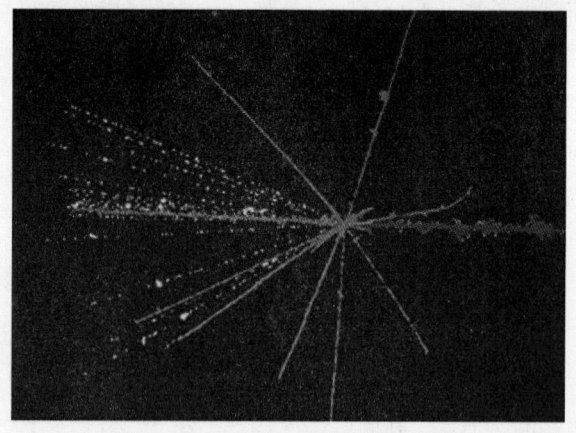

图 2.9　空间电离辐射演示图

图 2.10　放射性物体标志

组织细胞中引起电离、原子位移和化学反应，从而对航天员的健康造成危害。

电离辐射对人体的危害可分为确定性效应和随机性效应两种。

当人体受到电离辐射时，身上受到辐射（照射）的机体细胞就会遭到杀伤，细胞功能也随之受到损害。当人体受到的照射剂量，也就是被辐射的强度，达到一定水平时，人体的细胞必然会被杀死、减少，从而造成人体器官或组织的功能性障碍。这就是我们所说的确定性效应。

随机性效应包括辐射遗传效应和辐射致癌效应。

辐射遗传效应是指电离辐射可使人体内生殖细胞中的遗传物质DNA 受到损伤从而导致基因突变。因为 DNA 是遗传物质，因此这是一种出现于被辐射者后代的随机性效应。除此之外，辐射遗传效应还可造成染色体的畸形，对后代的出生和成长产生不良影响，严重时还会造成畸形、死胎、智力障碍等。辐射致癌效应则是说长期经受电离辐射的人更容易感染白血病和实体癌。

链接：确定性效应和随机性效应的不同

1. 确定性效应跟被辐射者所受到的辐射量有关。所受到的辐射越强越多，其危害就越严重，对人体的影响也就越大；随机性效应则跟被辐射人所受到辐射的强弱和多少无关。

2. 确定性效应的受害人就是被辐射者本人，只对遭受电离辐射的人产生影响；而随机性效应的结果却有可能是遗传性的，这就是说它可能对被辐射者本人构不成多大的威胁甚至没有丝毫影响，但却会对其后代产生严重的损害，如造成畸形、死胎等。

链接：电离辐射环境的具体构成

1. 银河宇宙线：银河宇宙线可能起源于超新星爆炸，被星际间磁场加速而到达地球空间。银河宇宙线由通量极低、能量极高的带电粒子组成。

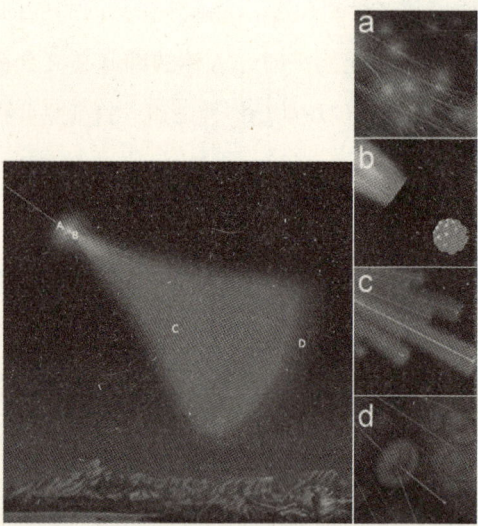

2. 太阳宇宙线：太阳宇宙线主要由质子（氢原子核）和 α 粒子（氦原子核）组成。这些粒子是在太阳耀斑爆发期间由太阳活动区发射出的高能带电粒子，这种喷射高能带电粒子的现象称作太阳质子

图 2.11　银河宇宙线示意图

事件。太阳质子事件的发生没有固定规律可循，具有很大的随机性，每个太阳周期有 30~50 次重要的质子事件。

3. 地球辐射带：地球磁场因为捕获了大量的高能带电粒子，在地球表面形成一个 6~7 个地球半径的粒子辐射区域，这个广大的区域就是地球辐射带，也称为范·艾伦辐射带。地球辐射带分为内、外两个环带，主要组成成分是质子和电子。

图 2.12　范·艾伦（1914—2006）和由他发现且以他名字命名的范·艾伦辐射带

4. 高空核辐射环境：由高空核爆炸所造成的辐射环境。高空核爆炸是从 1958 年 8 月至 1962 年 11 月间进行的，影响最大的是美国在 1962 年 7 月 9 日进行的"星鱼"核爆炸，爆炸地点在太平洋约翰斯顿岛上空，高约 400 千米。这次核爆炸引起地球辐射带的电子含量增加，并且爆炸所形成的人工辐射带不论能量或强度都比天然电子强得多，对空间飞行造成了相当大的威胁。最为直接的就是它使得当时正在太空轨道上运行的多个卫星的元件出现部分失效或全部失效，导致卫星功能部分或全部丧失。

- -

非电离辐射环境

在形形色色的辐射中，有些是不能引起电离辐射的，如紫外线、可见光、红外线以及射频辐射等，这些是出舱活动中重要的非电离辐射环境。地球大气层外的非电离辐射主要来自太阳发出的辐射以及载人航天器雷达、通信系统所使用的射频辐射。

航天员在出舱活动期间所面临的比较重要的几种非电离辐射是紫外线和射频辐射。它们作用于人体时都会产生不同程度的损伤。其中，射频辐射的危害程度与磁场强度和作用时间有关，人体接收的辐射总剂量越大，发病率就越高，危害程度也就越严重。

总体来说，非电离辐射环境对人体的影响分为紫外辐射效应和射频辐射效应。

紫外辐射的主要对象是眼睛和皮肤。眼睛受紫外线照射后容易引起角膜炎，眼睑周围的面部也可能会出现一些红斑，眼睛内有进入异物或沙子的感觉。常见的症状有怕光、流泪和眼睑痉挛等。对于皮肤来说，红斑是最常见的一种反应和症状。同时，若是长期受紫外线照射的话，还会引起皮肤干燥、粗糙、松弛、多皱和黑色素沉积等皮肤加速老化的现象，严重时则会导致皮肤癌。

射频辐射效应对人体的危害更大。其危害具体表现在：

①中枢神经系统的功能性变化。通常表现为疲劳或兴奋性升高、记忆力减退、睡眠紊乱、情绪淡漠、对光和其他刺激敏感性增强。

②对视觉功能的损伤。视力下降，容易发生干性结膜炎。当射频幅度较高时还可引发白内障。

③可造成听觉功能障碍，作用于皮肤可引起热感、痛觉甚至皮肤烧伤。

④使血液动力失调，血管通透性改变，外周血管张力降低，从而出现交感神经紧张性紊乱，如心动过速、高血压、窦性心律不齐等症状和反应。

⑤影响内分泌系统，对血液循环系统、消化系统、免疫系统和

代谢系统也会产生不良影响。

⑥射频辐射作用于人体还会产生远期效应，如染色体畸变等。

链接：光谱图和射频辐射

图 2.13　紫外线、可见光、红外线的光谱及波段分布等

射频辐射

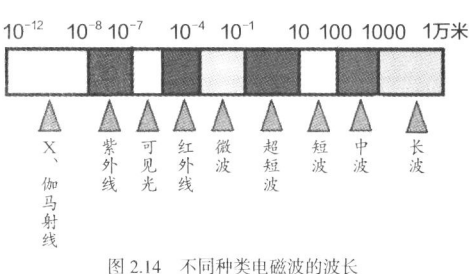

图 2.14　不同种类电磁波的波长

射频辐射也称无线电波，是指波长范围为 1 毫米至 3 千米的电磁波，包括高频电磁场和微波。高频电磁场按波长可分为长波、中波、短波和超短波，微波分为分米波、厘米波和毫米波。

微重力环境

在本章第一节里，我们提到了失重，也知道微重力环境是一种很重要的太空资源。在失重环境下，到嘴的鸭子随时可以飞走，弱不禁风的小女子不费吹灰之力就可以把一个彪形大汉举过头顶。这

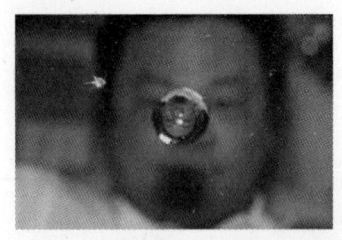

图 2.15　在太空微重力环境下呈悬浮状态的水滴

些在微重力环境中也一样。

　　完全失重是一种理想的情况，在实际的航天飞行中，航天器除受引力作用外，还不时受到一些非引力的外力作用，如地球附近残余大气的阻力，太阳光的压力。根据牛顿第二运动定律，力对物体作用的结果是使物体获得加速度，航天器在引力场中飞行时，因为它受到的非引力的力一般都很小，产生的加速度也就很小。这种非引力加速度通常只有地面重力加速度的万分之一或更小。为了与正常的重力对比，我们就把引起这种微加速度现象的非引力叫做微重力。

链接：重力，失重，微重力辨析

　　1. 由于地球的吸引而产生的力，叫做重力。这是大家最常见，也最熟悉的一个概念。重力方向竖直向下，在地面上相同地方的物体所受重力 G 的大小跟物体的质量 m 成正比，用关系式 G=mg 表示。通常在地球表面附近，g 取值为 9.8 牛 / 千克，表示质量是 1 千克的物体受到的重力是 9.8 牛。

　　2. 物体对支持物的压力小于物体所受重力的现象叫失重。当物体在进行航天飞行时，它们的重量就不见了，这种现象也是失重。应该指出的是，失重是指物体失去重量，而不是失去重力。重量是物体对其周围相接触的物体或介质所表现出来的作用力；重力则是地球（或其他天体）对物体的引力。重量与重力（引力）有联系，又有区别。重量消失（等于零），不等于重力或引力消失（等于零）。我们可以说，失重就是零重量。

3.微重力又称为零重力，从严格意义上讲，应是零重量。失重只是一种理想的情况，微重力才是实际情况。但一般情况下并没有区分得如此细致，通常所讲的零重力和零重力环境，也可以等同于微重力和微重力环境。失重是最大众化的说法，微重力则是学术研究中的准确术语。

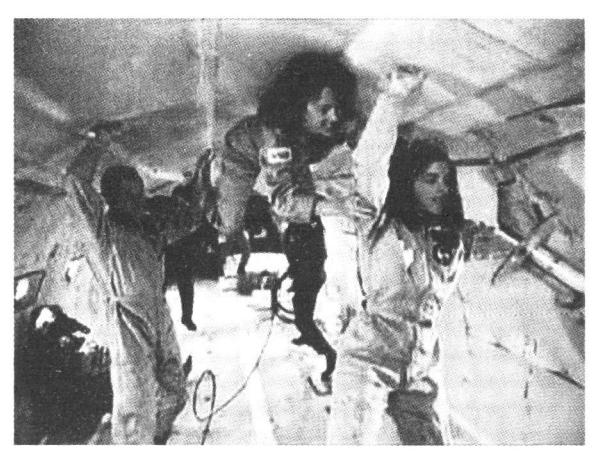

图2.16　航天员在抛物线飞行中体验模拟出来的微重力环境

微重力环境虽然是一种很宝贵的太空资源，听起来也神秘莫测，但是如果真的让你在微重力环境下生活，哪怕是只待上一会儿的话，你恐怕就会有另外一番感想了。对于一直生活在地球重力环境下的人类来说，一旦进入微重力环境，人的身体和器官就会出现一系列的生理反应。

拿航天员来说，这种微重力环境会使他们出现头晕、目眩、恶心、困倦等症状，对体内器官会造成影响。航天员一旦进入微重力状态，由于缺乏重力的向下吸引，全身体液会向上半身和头部转移，出现颈部静脉鼓胀，脸变得虚胖，鼻腔和鼻窦充血，鼻子不通气。而体液的转移会使航天员出现血浆容积减少，血液浓缩，从而导致贫血。除此之外，微重力环境对于人体的肌肉、骨骼也有一定的影响。

针对这些情况，世界各国已进行了大量的研究，并采取了一定的防护措施，经过多次试验，有些已取得明显的效果，但有的病症目前还不能有效治愈。到目前为止，主要还是通过地面训练，逐渐适应该环境，来降低微重力环境对人体的影响。

图 2.17 微重力环境中人的种种形态

链接：物体在太空微重力环境与在地球重力环境中的比较

1. 在重力环境中，气体（或液体）会依靠自身的流动来实现热量的传递，这一过程称之为对流。比如我们冬天取暖用的暖气片，它通常是放在窗下，使得热空气向上，冷空气向下，从而形成对流，使室内空气变暖。在微重力环境下就不一样了，气体的这种自然对流基本消失，对流中所交换的热量也极小，取而代之的则是通过分子扩散来实现热量的传送。

2.在液体中，大小相同的物质会因为密度的不同而出现不同的分层。这是一个最为普通的常识。密度大、质量大的东西总是最先沉入水底。然而在微重力环境下，液体中由于物质密度不同引起的沉浮和分层现象是不存在的，物质的混合与悬浮也可以控制，并不存在分离现象。

3.在重力环境下，因为地球引力的存在，才使得液体能够保持一定的形态，既不像气体一样游移不定，也不像固体一样固定不动。在微重力环境下，液体在地球上所受到的各种作用力基本消失，束缚它的力主要是其自身表面的张力和液体与物体表面之间的附着力。在这种情况下，要是一不小心触动了这些液体或是施加了其他的外力，它就会像天女散花一样四处飘散，以小水珠的形式游离在太空。

4.在微重力环境下物体的运动特性跟在地面时完全不同，物体在空间可以随意停留。人在微重力环境中也个个"武力"大增，可以很轻松地做出许多在地面很难完成甚至不可能完成的动作。如一个指头拿大顶，随意做各种翻滚动作等。

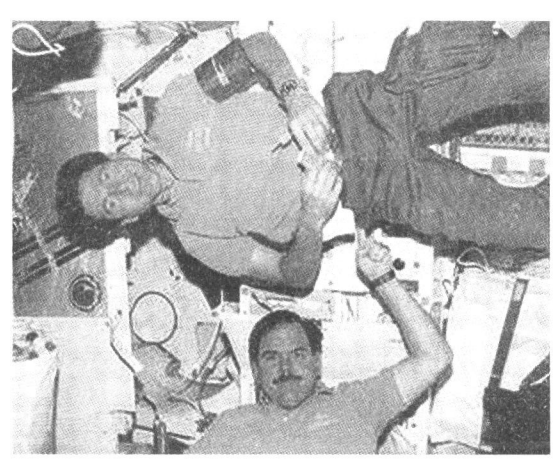

图 2.18　身处微重力环境中的"武林高手"，一根手指头就能将一个彪形大汉轻而易举地顶起来

微流星体和空间碎片

在太空中，对航天器和出舱航天员构成威胁的除了真空、热环境、微重力环境和空间高辐射外，还有另外两个不容忽视的因素：微流星体和空间碎片。

微流星体是太空中本来就存在的物质，是行星际空间的尘粒和小物体的总称。它们一般由小行星和彗星等演变而来，通常都很小，直径不足 1 毫米，质量也小于 1 毫克，主要集中在 100~400 千米的高度范围内。微流星体在太阳引力的作用下运动，运动速度极快，平均速度为每秒 10~30 千米，最大的时候可以达到每秒 72 千米。

空间碎片又称太空垃圾，是人为原因造成的。它是指人类在航天活动过程中所产生的空间废物。至今，能够探测到的长年在环绕地球的轨道上飞行的长度在 10 厘米以上的碎片就有近 13000 个。这对正常运行的载人航天器和进行出舱活动的航天员来说构成了严重的威胁。

图 2.19 "飘浮"在太空中的微流星体

图 2.20 在太空中高速运转的空间碎片

链接：流星和微流星体辨析

1. 流星是分布在星际空间的细小物体和尘粒，也叫做流星体。它们飞入地球大气层时，会跟大气摩擦发生光和热，最后被燃尽成为一束光。我们通常所说的流星就是指这种短时间发光的流星体，俗称贼星。流星包括单个流星（偶发流星）、火流星和流星雨三种。比绿豆大一点的流星体进入大气层就能形成肉眼可见的流星。

图 2.21　流星　　　　　　　　图 2.22　英仙座流星雨

2. 微流星体是流星中的一种，特指那种很小的，如尘埃一般的流星体。微流星一般分雨流微流星（亦称流星群）和零星微流星（亦称背景流星）。在太阳系内，流星群有500多个。典型的如天龙座、狮子座流星群。背景流星是指流星群以外的流星，它们的轨道是随机的，强度比较稳定。

图 2.23　左图为日本太空美术家加贺谷穰笔下的狮子座流星雨，右图为狮子座流星群

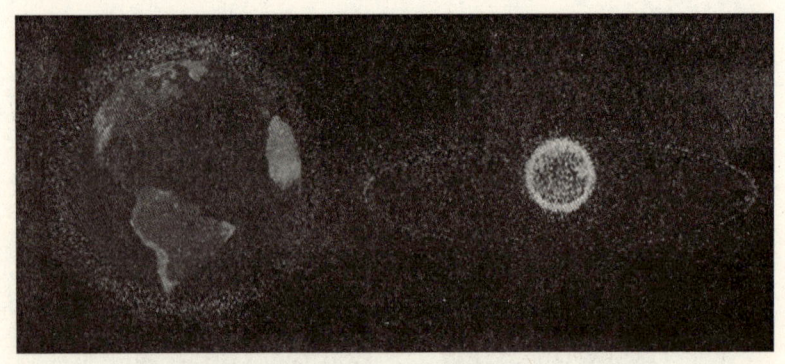

图 2.24　在太空用雷达和光学望远镜观察地球时看到的在轨道中高速运转的空间碎片

微流星体和空间碎片是航天器轨道空间的固体颗粒。它们都是高速运动的尘埃，极高的速度使它们具备了极大的动能。举个简单的例子，一颗直径 1 毫米的微流星体就可以轻而易举地穿透 3 毫米厚的铝板。可想而知，如果它们当中的某一个或者一些与航天器相撞的话，后果不堪设想。

1970 年 4 月 14 日 11 时 8 分，"阿波罗 13 号"飞船航行到距地球 329961 千米时，突然遭遇微流星碰撞，导致它的辅助舱的 2 号液氧箱爆炸，登月计划也由此被取消，飞船只好返回地球。

除了碰撞导致的直接损坏之外，质量小的微流星体还对载人航天器表面起沙蚀作用，使航天器表面变得粗糙，造成表面热控涂层特性破坏，对于光学表面、太阳电池等，会影响其透光性能，引起表面材料的熔化与汽化等，光学系统的污染影响光学和射电天文学工作等。

空间碎片与运行的载人航天器发生碰撞造成的破坏程度取决于空间碎片的质量和速度。一般来说，直径大于 0.01 厘米而小于 1 厘米的空间碎片会影响航天器结构，大于 1 厘米的碎片则会造成卫星的严重损坏。由于空间碎片是运动的，所以在碰撞事件中即使很小的空间碎片与载人航天器相撞也会使航天器遭到破坏。例如，直径仅几厘米的空间碎片与载人航天器相撞就可能摧毁载人航天器或危及舱内航天员的生命安全；毫米级的粒子不仅能降低太阳能电池或光学仪器的性能，甚至能穿透在空间行走的航天员的航天服。

图2.25 俄罗斯航天员进行太空行走，为国际空间站安装遮蔽罩以预防和应对空间碎片与微流星体的侵害

链接：空间碎片分析

空间碎片的具体成分

①航天器在发射或工作时丢弃的物体占12%。包括镜头盖，丢弃的螺母、螺栓和载人活动期间丢掉的一些东西等。

②消耗的和完整的火箭箭体占14%。

③不再工作的（寿命已到）有效载荷占20%。

④其他各种碎片占54%。

空间碎片的主要来源

航天器在轨破碎是空间碎片的主要来源，是由航天器在轨爆炸或在轨碰撞所致，包括：

①有意破碎。把爆炸摧毁航天器作为卫星试验的一部分，如苏联在1968—1980年间共进行了20次反卫星试验，这些被摧毁的卫星成为空间碎片。

②因运载火箭出现故障导致爆炸。

③有意摧毁发生故障的军事卫星。

④破碎原因不清及二次碰撞产生的碎片。

空间碎片的寿命

空间碎片在空间运行时具有一定的寿命，寿命的长短与碎片所处运行高度相关。轨道高度在 100~150 千米之间的碎片，绕地球几圈后就将陨落；轨道在 200~400 千米之间的碎片要运行几周；而轨道高度在 600 千米以上的碎片则要运行 1 年以上；在地球静止轨道上的碎片具有百万年以上的寿命。

创造航天员生存的微小气候环境

我们都知道，在整个太阳系中有八大行星，而其中只有地球上有人类存在，其他的行星到现在为止还没有探得过任何的生命迹象，这是为什么呢？这是由于地球被厚厚的大气层包裹，与太阳的距离刚刚好，这样就为人类提供了一个舒适的生活环境。

人为了维持人体正常的生理活动，要不断和环境进行物质和能量的交换。维持生命的基本物质是水、食品和氧气。人如果没有食品最多可以生存一个月左右，没有水可能活几天，没有氧气则只能生存几分钟。人在正常的生理活动中，除了消耗氧气、食品外，还产生一定量的二氧化碳和其他一些垃圾。氧气、食品需要供应，垃圾需要处理，在地球上，这些任务是由我们赖以生存的生物圈来完成的。

人在太空中，宇宙空间恶劣的环境因素如真空、辐射、超低温、微重力等，会直接威胁人的生命。如果没有一套完整的环境控制与生命保障系统，人不可能在这样的环境中生存。环境控制与生命保障系统，简称环控生保系统，其任务是在航天器密闭舱内创造一个适合居住的环境条件，并为航天员的生存提供必要的物质条件，保证航天员在航天器内的正常生命活动及工作效率。

环控生保系统的功能和组成

由环控生保系统的全称我们可以联想到它的两大功能：

一是环境控制功能。实现航天器座舱内的环境控制，即大气压力控制、气体成分控制、温湿度控制。

二是生命保障功能。为航天员提供维持生命必需的物质条件和各种生活支持设施，解决航天飞行条件下，特别是轨道飞行条件下航天员进食、饮水和处理个人卫生所遇到的特殊困难，保证航天员的正常生理活动。

为了实现环境控制与生命保障的基本功能，环控生保系统主要由完成各自特定功能的分系统组成。按照 NASA 的规范，它可以分

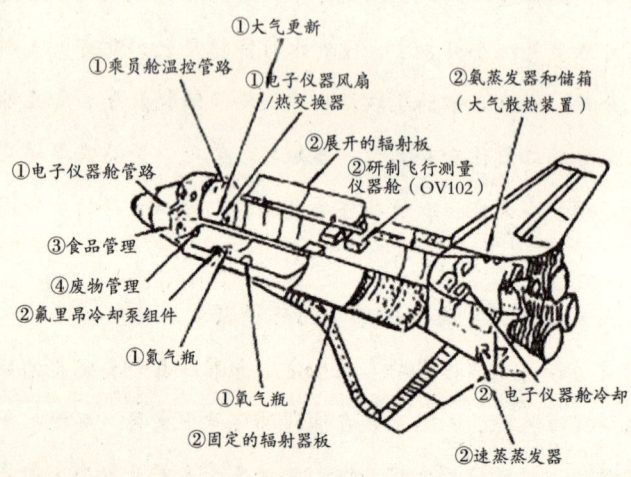

图 2.26　美国航天飞机上的环境控制和生命保障系统布局。此系统主要由大气更新系统、主动温控系统、食品、水、废物处理系统和气闸保障系统组成。其中标号为①的属于大气更新系统，标号为②的属于主动温控系统，标号为③的属于食品和水处理系统，标号为④的属于废物处理系统

为供氧调压、大气净化、温湿度控制、水管理、废物管理等几个部分。

压力制度

座舱的压力控制系统是生命保障系统最重要的组成部分，它能维持舱内压力和供人呼吸用氧，对保证航天员的健康至关重要。载人航天器舱内的压力并非都是保持和地面的压力一致的，国外用于载人航天器舱内的气体压力有两种：

一种是座舱压力及舱内气

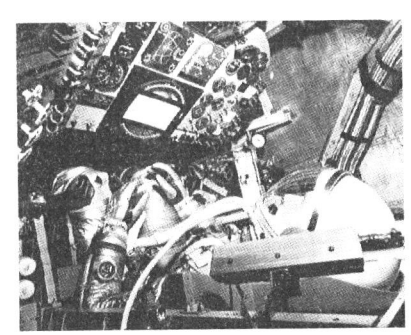

图 2.27 身处座舱中的航天员

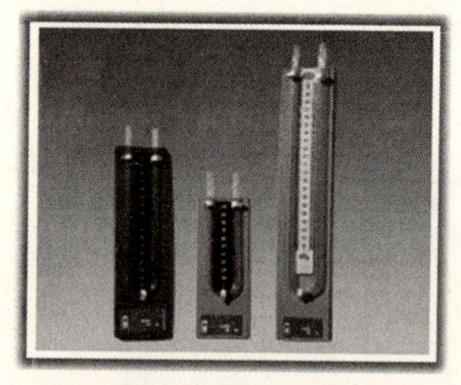

图 2.28 测试大气压的压力表

体组分与地面上一样，即一个大气压力制度。这种压力符合人体的生理要求，人们已经习惯生活在这种气体环境里。苏联 / 俄罗斯的载人航天器，从加加林驾驶的"东方号"，到"联盟号"飞船，再到"和平号"空间站，密闭舱内的压力，都是用一个大气压力制度。美国现在的航天飞机密闭舱也是用这种压力制度。但这种压力制度的舱内压力高，为保持压力需要的控制调节比较复杂。由于舱体内外所受到的压力差别较大，所以要求舱体结构坚固。航天员穿着航天服出舱活动时，由于航天服所提供的压力较低，为避免减压病的发生，要经过较长时间的吸氧排氮。

另一种压力制度是舱内保持 1/3 的大气压力，舱内气体是纯氧。美国的"水星号""双子星座号""阿波罗号"系列飞船，都是使用这种压力制度。这种压力制度使得舱压的调节相对简单，而且由于舱体内外压差较小，使得舱内气体的泄露量小，同时在穿着低压航天服前不需要吸氧排氮 (仅在发射前吸氧排氮 3 小时)。但是人体长时间呼吸纯氧会抑制红细胞的生长，对眼鼻有刺激作用。更为严重的是舱内纯氧容易引起火灾，因为许多在氧氮混合条件下不易燃的材料在纯氧条件下会变得易燃。1967 年 1 月 27 日，"阿波罗 1 号"在做登月舱充纯氧试验时，因电线碰擦引起大火，当营救人员打开舱门时，3 名最优秀的航天员都已被燃烧所产生的剧毒气体熏死了。

氧气来源

解决了舱内的压力问题之后，所面临的另一个大问题就是供氧。太空中没有大气，更没有氧气，因此，在航天器内航天员生存所需要的氧气和其他气体都是从地球上带上去的。在轨道舱中，为了不断补充人体消耗和座舱泄露的气体，维持舱内压力平衡，舱内必须要有专门的氧气和氮气的储存系统。氧气储存方式一般有三种：

第一种是将其作为高压气态保存，短期载人航天器一般用这种方法。

第二种是采用液化的方法，将氧置于低温之下，使其成为液态进行储存，这种方式结构紧凑，重量轻。

第三种实际上是利用碱金属超氧化物经过一系列反应产生氧气，这种方式常称为化学储存方式。氧气产量的多少常通过

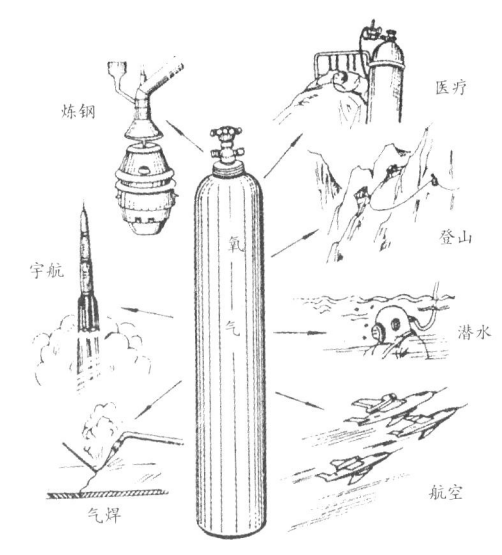

图 2.29　氧气的用途，其中包括航天领域

舱内的水汽含量和二氧化碳含量来控制。

温湿度控制

载人航天时舱内温度如不加控制，会逐渐升高。使座舱温度升高的原因有很多，航天员的人体代谢过程会产生热，舱内的仪表设备运行的时候会产生热，飞船上升、返回时传入舱内的气动力产生的热，以及飞船运行时太阳辐射传入舱内的热，这些都会使舱温升高。载人航天器都配备有完善的温度控制系统，使舱内温度始终控制在人感到舒服的范围内。温度控制的方法基于防止、减少外界热传入和积极地将舱内产生的废热排出舱外的思想。

常用的一种散热方法是水蒸发法。在真空的环境下，水在1.7℃ ~ 7.3℃的低温可以沸腾形成蒸汽，水蒸发时会吸收大量的热量。因此可将水输入到热交换器，通过低温蒸发，便将热排出舱

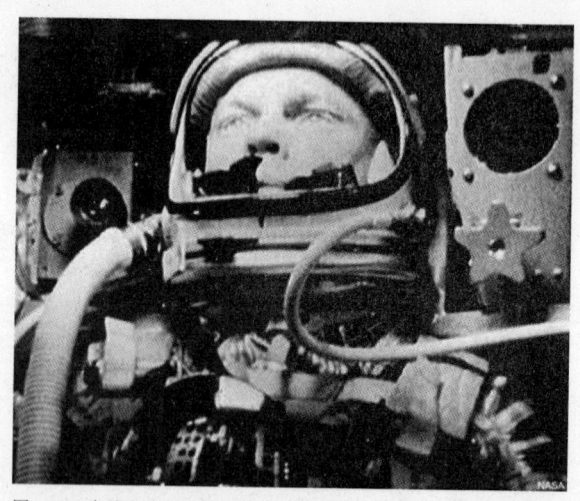

图2.30　身处座舱中的航天员，所面临的一个大的考验就是温度的巨大变化，而如何控制好舱内的温度，也是载人航天飞行中所必须解决的问题之一

外。短时间飞行常用这种方法，而长时间飞行可用升华器、辐射器方法散热。

航天员呼出的气体和排出的汗液都含有一定量的水蒸气，如果不采取措施将这些水蒸气清除的话，航天员会因为环境湿度太大而感觉不舒服，而且过高的湿度对舱内的仪表设备运行也是不利的。飞船中常用的去湿方法是采用分子筛材料吸附舱内空气中的水蒸气，然后在真空条件下解吸去湿。

有害物质（气体）的处理

除了水蒸气，载人航天器内还有人体代谢产生的有害物质，特别是蛋白质代谢分解的有害产物，以及舱内设备中非金属材料的挥发物。这些物质对航天员的影响不只是舒服与否，更重要的是它们作为一种污染源，有可能影响航天员的身体健康。尤其是人体代谢产生的有害物质危害更大，如呼吸时排出的二氧化碳、一氧化碳、甲醇、挥发性脂肪酸等；胃肠道排出的有害物质甲烷、硫化氢、甲硫醇、吲哚等；出汗时汗液中的有害挥发物胺、氨、苯酸等。

为什么我们在地球上不必担心这些有害物质？这是因为，生活在地球上的人，其居住环境中一般都有门窗与外界相通，这些有害物质不断地排出室外，与周围大气相混合，不会影响人体健康。而在密闭舱中就不同了，如一个不吸烟的青年人，一昼夜可排放出一氧化碳 10 毫克，而一个航天员在密闭舱平均占有一个立方多的空间，生活一昼夜产生的一氧化碳即可达到对人体有害的程度。

在航天器中要尽量减少这些物质，消除污染。人体排出的代谢产物是难以避免的，但座舱内非金属材料的分解产物，在一定程度上是可以控制或减少的，这一般是通过选用一些挥发物少的非金属材料作为航天材料。如美国的"阿波罗"飞船选材时，对所有备选的非金属材料进行有害物质排放量测量试验，淘汰那些排放量超标的材料。

对于无法避免的污染物，一般采用吸收、过滤、催化等方法进行消除。如人体代谢的二氧化碳，常采用吸收剂或分子筛进行消除；微量污染物，如汗液及座舱材料挥发物可采用活性炭进行吸附消除；但对于分子小、沸点低且不易吸收的污染物如一氧化碳、甲烷等，可以采用催化燃烧的方法消除。

生命之源

　　水对有生命的生物体是极为重要的。生活在宇宙空间的航天员，也需要供给生活用水和饮食用水。载人航天器内的供水系统是采用多种方法解决的。航行时间短的，一般采用储水器从地面携带净水到太空。储水器采用橡胶囊或金属风箱式可折叠水箱，囊内充有一定量的氮，在失重条件下增加囊内压力，水即可排出，且储水方式简单易行。水箱的容积与航天时间长短、人数多少、飞船载重量等相适应。氢氧燃料电池产生的水也是供水的一种，这

图 2.31　人类美好的家园——地球

种水经过冷却，温度下降到18℃~24℃，再经过消毒器消毒、净化后送入储水箱。

载人航天器在太空飞行时，水处于失重状态，不会自行从水箱中流出，因此供水的水箱都装有增压装置，加压后水即可流出。

在类似空间站这种长期的载人航天器中，如果依靠地面上定期送水，那这样做是非常不经济的。而且如果由于某种原因水不能及时送到，航天员的生命就会出现危机。所以在这种航天器上，水是由它自己"生产"的。

我们知道地球上的水是在不停地循环着的。海洋中的水被蒸发到空气中形成云，云又转换为雨降落到地面上，雨水汇集成河流最后又回到海洋。在这个循环过程中自然界的微生物和土壤对地面上的水起着净化的作用。航天器内"生产"水的过程正是模拟这么一个过程。水的来源是航天器中一切可以收集到的水，经过净化器的处理就成为航天员的生活用水。

当你在航天器中喝水时，千万不要去想水的来源。因为这些水是从航天器中各个地方收集而来的，包括燃料电池产生的冷凝水、洗漱用水甚至排尿以及上面提到的水蒸气等。如果仔细收集，基本可以实现航天器的自给自足。这也许听起来比较恶心，但是事实上，经过空间站的净化处理器后的水，可能比地球上我们多数人喝的水都要干净。

再回过头来看看水循

图2.32　生命之源——水

环系统，它并不是单独存在的，它与其他系统也有着联系，正如地球环境一样，水的循环与大气、生物有着千丝万缕的联系。从载人航天器的发展来看，生命保障系统的设计正力求模拟地球上的环境，因此未来的载人航天器，比如永久性空间站，就会成为太空中另一个"地球"。

链接："水星号"飞船的环境控制系统

温度控制

以散热方式维持舱内恒定的适宜温度。热负荷来源于人体代谢产生的热、电器设备产生的热和由外部环境传入的热。早期载人飞船主要利用消耗性液体（通常是水）的蒸发潜热和在真空环境控制水的蒸

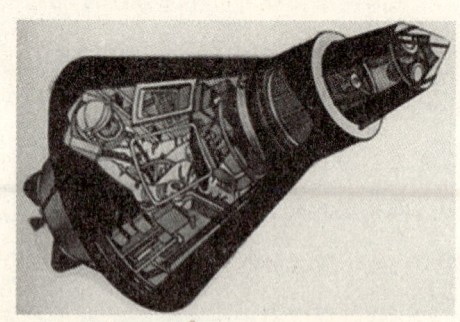

图 2.33 美国"水星号"飞船示意图

汽压力来控制舱内温度。随着飞行时间延长和乘员人数增多而改用泵压流体循环温控系统。传热流体通过热交换器将热量带到空间辐射散热器散向空间，而将消耗性的水蒸发器作为辅助散热手段。

湿度控制

湿度控制的作用是除去来自航天员呼出的气体和体表蒸发的水蒸气。干燥法是利用硅胶和分子筛等材料的吸附作用除去舱内大气中的水蒸气，并在真空中解吸。冷凝分离技术更为简单可靠，它能将舱内循环流动大气中的水冷凝在热交换器的特制表面上，借助一定的压力使冷凝水通过透水不透气的多孔材料进入储水容器中，作为蒸发散热器或处理待用的水源。

舱压和氧分压控制

在航天器的上升段，泄压阀排放舱内气体，直至舱压达到预定值时自动关闭。在轨道段，供气系统自动向舱内供气，补偿舱体泄漏和航天员的氧消耗，维持恒定舱压。舱压超过额定值时，压力调节器自动向舱外排气，使舱压维持在一定范围内。密封舱采用纯氧大气环境时仅须控制总压，不单独控制氧分压。密封舱采用一定氧含量的混合气体大气环境时，则用氧分压和总压传感器作为敏感元件，通过执行机构分别控制氧气流量和氮气流量，使舱压和氧分压维持在规定的范围内。

二氧化碳净化和微量污染控制

净除二氧化碳一般采用化学吸收法，又分为消耗式和再生式两种。消耗式吸收法常用氢氧化锂作吸收剂，控制舱内大气中二氧化碳的含量，此法性能可靠。采用再生式方法时常用分子筛作为二氧化碳净化剂，它在真空环境中易于解吸。此外，还有多种可重复使用的二氧化碳净化技术，如电渗析、低温冻结、扩散和采用液体和固体吸收剂等。微量污染来源于人体排泄

图 2.34 美国的"水星号"载人飞船

物和设备的挥发物，通常采用的是过滤、吸附和催化氧化等综合处理技术。强迫通风式干过滤法可以消除尘埃；吸附法可有效地除去臭气和烟雾；活性炭能较好地吸附中、高沸点的碳氢化合物；对一氧化碳、氢、甲烷等低沸点气体一般采用催化氧化法。此外，还须对航天员进行消毒和检疫，以防污染密闭舱大气环境。

太空生活

人不能不吃饭，"民以食为天"；人不能不睡觉，"睡觉睡觉，眉开眼笑"；人不能不运动，"生命在于运动"……吃饭、睡觉、运动等这些基本的生活习惯维持着人的生命和健康。不管你走到哪里，这几样是必不可少的。就算是出了地球，在太空中也一样。只不过这些在地球上再平常不过的事情到了太空中却是别有一番风味情趣了。

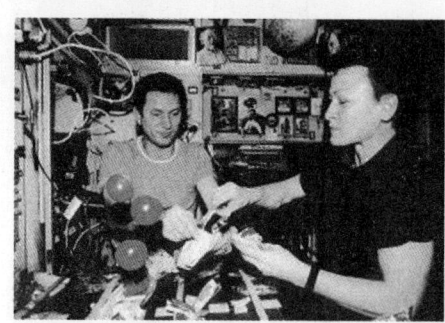

图 2.35　在太空中享用早餐

在失重环境下的太空生活中，简单的吃变得复杂了，简单的睡变得奇妙了，运动锻炼也具有特殊的意义。不只这些，在太空中，个人卫生的清洁活动也变得不可思议，上个厕所都"提心吊胆"的。时间长了，这种人人羡慕的"神仙"般的日子，也会让人烦躁和不安，直到那时，你才明白，原来，"神仙"也有烦恼，"神仙"也有不逍遥的时候。

吃——最容易的事变得复杂奇妙

吃饭、喝水对于生活在地球上的人来说，是一件再平常不过的事了，但在失重环境下的太空生活中，航天员的饮食就变得十分复杂而且特别奇妙。航天员的营养需求、食品制备、供给以及他们的进食方式等都和地面生活的饮食有着很大的不同。

航天食品从本质上讲与地面普通食品是一样的，都是为人体提供能量和营养。但为了节省飞船的空间和发射时的实际重量，航天员携带的航天食品应尽可能重量轻、体积小。如营养好的干化饼干和干化香肠，吃的时候用水泡一下，就可以恢复到与新鲜食品相近的味道。

图 2.36　早期太空食品

航天食品所面临的考验要比在地球上多得多，最基本的有两条：一是要能经受住航天特殊环境因素的影响，如冲击、振动、加速度等。航天食品起码要保证的就是能够在这样的条件下保留原有的营养价值。再就是要针对航天员在失重条件下生理的变化情况对食品的营养作适当调整，即能做到"对症下饭"。例如：发生肌肉萎缩时就要求食品必须提供充足的优质蛋白质；出现骨质疏松则要求食品提供充足的钙以及适宜的钙磷比例和维生素等。

　　航天员在航天飞行活动中如何进食，对他们来说是一个不小的考验。在失重条件下，一杯盛满水的杯子朝下放与朝上放都一样，因为杯子里的水不会自动飘浮或洒落出来，如果放在桌子上，杯子会连同水一起飞起来。所以说，航天员在地面上原有的吃饭、喝水习惯到了太空就完全不适用了。一般来讲，各种食物、零件、用具等都是固定好了的。航天员从食品柜里拿出食品后，要把装食品的塑料袋剪开一个小口，把叉子和筷子伸进口袋里叉着往嘴里送。为了防止食品碎屑到处飘飞，影响航天员或设备的正常工作，这种食品往往都用小包装，制成与嘴大小相近的方块、长方块或小球状的"一口吃"食品，这样吃的时候就不用再切开切碎了。如果航天员要喝水，吃汤、羹、汁、果酱时，直接从塑料口袋或牙膏状的软铝管里，一点一点往嘴里挤就可以了。

　　随着火箭和飞船技术的发展，航天员从地面带去的食品可以丰

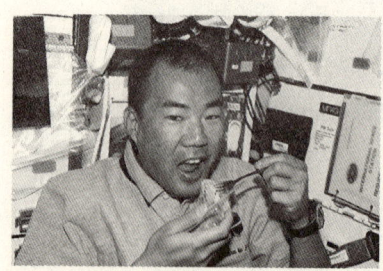

图 2.37　航天员用叉子将块状食物往嘴里送

图 2.38　航天员在太空中进食，将密封好的食物一点一点地挤进嘴里

富些了。如湿食品或半湿食品的带汁火鸡、牛肉等，它们的水分含量和地面吃的正常食品相同。现在，航天员们在太空舱里已经可以使用微波加热器来烘烤食物了。这种微波加热器与地面上使用的加热器有所不同，它上面有一些特制的凹进去的小格，为了防止加热时食物飘浮起来，需要加热的食物都必须固定在这些小格内，插上电源后，一会儿就可以将食物加热到可口的程度。有了它，航天员们就可以品尝到热烘烘、香喷喷的红烧牛肉、炒蛋、猪排等食物了，其口感与在地面没有多大区别。

图 2.39　1995 年执行 NASA 的 STS-74（STS-74 是历史上第 72 次航天飞行任务，也是"亚特兰蒂斯号"航天飞机的第 15 次太空飞行）太空任务的"亚特兰蒂斯号"航天员在俄罗斯"和平号"空间站上就餐的情景

链接：太空食品

航天员的食物丰富多彩，从最初的十几种已经发展到了 100 多种。航天员每天一般吃 4 顿饭，一周之内的食谱不重复。早期航天员的食品都是做成牙膏状的挤着吃，特别乏味。现在航天员可以在太空中吃到香肠馅饼、辣味烤鱼、土豆烧牛肉、奶油面包、豆豉肉

汤、金枪鱼沙拉、饼干、巧克
力、酸奶、果脯、果汁等各种各
样的佳肴，美国航天员甚至可以
喝到他们爱喝的可口可乐。

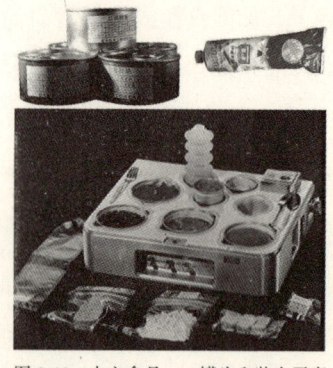

航天员的食谱

　　航天员吃饭并不能随心所
欲。他们必须按地面营养师为他
们配制好的食谱用餐。美国航天
飞机上的航天员吃饭时，先把标
有第几天第几顿字样的塑料袋从

图2.40　太空食品——罐头和装在牙膏
状软铝管中的食品

食品柜中取出。每个塑料袋里装有7种食品，供一名航天员食用。
太空食品均为脱水食品，临吃前可把食物放入一个碗形的容器中，
再用注射器将一定量的水注进容器，然后再放进烤箱里加热。一顿
饭不超过半小时就可以"做"好。

图2.41　中国航天员的太空食品和食谱

非同一般的吃饭动作

　　太空餐桌是特制的。它具有磁性，能吸住刀、叉、勺、碗、盘
等餐具，桌上装有水冷却器和加热器。吃饭时，航天员必须先把脚
固定在地板上，把身体固定在坐椅上，以免飘动。面对摆在餐桌上
的饭菜，千万不要着急，一定要注意端碗、夹饭、张嘴、咀嚼一连
串动作的协调。端碗要轻柔，动作太猛，饭会从碗里飘出去；夹饭、
夹菜要果断，夹就要夹准、夹住，最好不要在碗里乱拨拉，以免饭

菜飘走，使用叉子效果最好；饭菜夹住后，张嘴要快，闭嘴也要快，因为即使是放到嘴里的食物，不闭嘴它也会"飞"走；咀嚼时节奏要放慢，细嚼慢咽利于消化，还可以减少体内废气的产生和排泄，避免航天员生活环境的污染。

有些人最喜欢在吃饭时聊天神侃，而在太空吃饭最忌讳的就是边吃边说。边吃边说会使嘴里嚼碎的食物碎末飞出嘴外，飘在餐厅或生活舱里，航天员稍不注意吸进鼻腔就容易呛到肺里。

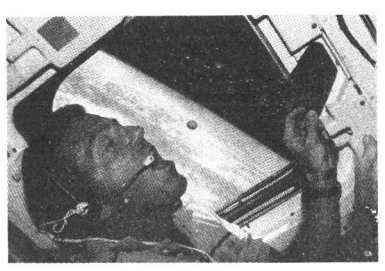

图 2.42　在"亚特兰蒂斯号"航天飞机的驾驶舱里，航天员罗伦·施里弗正追赶着几颗飘浮着的巧克力糖

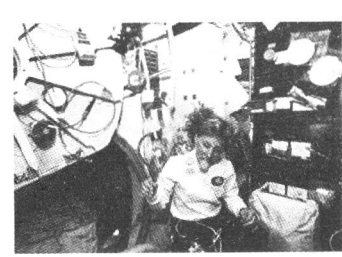

图 2.43　航天员"练习"吃饼干

图 2.44　在执行 STS-105 太空任务时，航天员和空间站的航天员聚会的情景

住——何似在人间

宇宙环境是极为恶劣的，对人体的有害因素也很多，为了保证航天员的生命安全，便于他们开展工作，科学家研制出了一种与外界隔绝的密闭环境座舱用来保护航天员。

供航天员居住、生活和工作的密闭舱是宇宙飞船上的一个主要部分，是保证航天员身体健康的环境控制与生命保障系统。生命保障系统最为重要的是供水系统，它的主要任务是供给航天员生活用水和饮食用水。密闭舱是一个狭小的环境，必须对不断产生的污染物加以净化，以维持舱内空气新鲜，保证航天员的身体健康。

由于失重飘浮，航天员行动起来不像在地面上那样自如，通常会坐立不稳摇摇晃晃，稍一抬头仰身就有可能来个大翻身，弯腰时又可能翻筋斗，所以一切动作都得小心翼翼。航天飞行中，睡袋一般固定在飞船内的舱壁上。在失重时分不清上和下，站着躺着睡都一样，所以航天员既可以靠着天花板睡，又可以笔直地站着靠墙壁睡，只要他高兴。为了防止无意中触及开关，他们睡觉时必须把双手束在胸前。宇宙空间中的睡觉姿势很特殊，失重时，身体完全放松会自然形成一种弓状姿势。在空间轨道站上，航天员虽然已经可以享受到分隔式卧室和床，但他们在睡觉时必须把自己捆在床上，以免翻身时因失重而飘离。

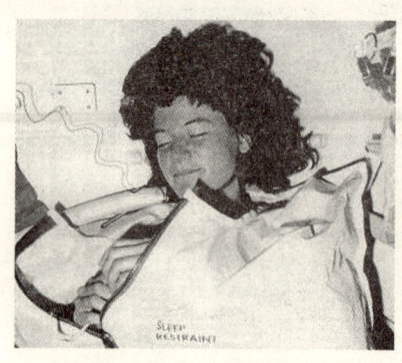

图 2.45　美国航天员赖德在睡袋中睡觉

链接：糊涂觉与奇异睡姿

航天员在太空中睡觉的的确确是"糊涂觉"，其表现一是黑白不分，二是睡姿奇异。

黑白不分，是说航天员在天上绕地球航行，太空日出日落由航天器绕地球一圈的时间而定。有时 24 小时内日出日落交替许多次，

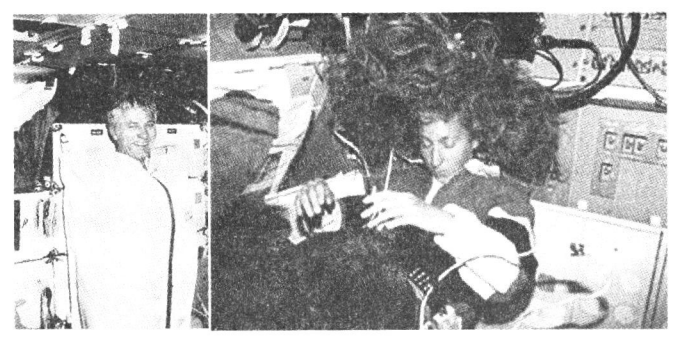

图 2.46　左图为睡袋中的航天员，站着也能睡觉。右图为被绑在座位上的女航天员，照样睡得很香

　　航天员无法遵循地球上"日出而作，日落而息"的生活习惯，只好机械地按钟点安排工作和睡觉。

　　睡姿奇异，是说航天员在太空失重环境中找不到"躺"的感觉。在地球重力环境，人们习惯于把地心引力的方向定为"下"，把"天"的方向定为"上"，也就是人们常说的"脚踩大地，头顶蓝天"。可是到了失重的环境里，人们失去了"上""下"的参照坐标，脚踩不到地，四周全是天，你根本分不清上下，因此，睡觉也就没有了"平躺"一说。由于无论站着、躺着、还是趴着都可以入睡，所以航天员睡觉可以飘在太空舱里睡、挂在墙上睡、绑在床上睡，也可以吊在梁上睡，靠在桌边睡。

　　不过大多数航天员不习惯飘荡着睡。一旦从飘浮睡眠中醒来，他们会产生一种掉进万丈深渊的感觉。为了获得安全感，航天员一般睡在固定的床上或固定在墙壁上的睡袋里，睡袋拉紧后能给人体施加一定的压力，使人消除那种飘飘欲坠的恐慌感。

管好自己的手和脚

　　有人睡觉习惯把手或腿放在被子外面，这

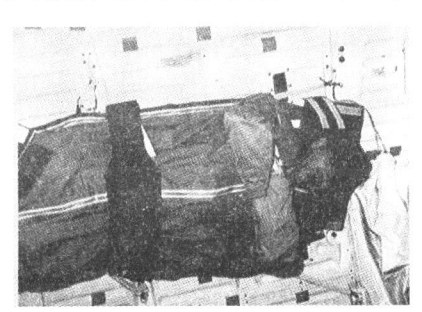

图 2.47　绑在"墙"上的航天员，照睡不误

在地面上看来是很正常的现象，可是在太空环境里，却是很危险的。太空失重，睡眠中人的四肢会不受躯干支配而四处飘动。一名苏联航天员有一次把手臂放在睡袋外睡觉，醒来后突然发现有两只大手向他脸上飘来，吓了他一大跳。原来这飘动的两只大手正是他自己的手。吓一跳还是小事，如果航天员睡着后，失控的"自由"之手、"自由"之脚万一无意中碰到了什么开关、什么仪器，那太空舱的安全、航天员的生命岂不成了大问题？所以，在太空中睡觉，千万注意要把手脚放进睡袋里。

个人卫生——让你欢喜让你忧

在宇宙中航行的航天员和地球上的人一样，也需要有个人清洁卫生的处理，如刷牙、洗脸、洗澡、理发、刮胡子、大小便等，但这一切都需要有特殊的设施和技巧。由于太空的失重环境，在地球上看似简单的事情到了太空都变成了很复杂和麻烦的事。

比如在失重时刷牙，牙膏泡沫很容易飘浮起来，水珠在舱内飘飞，会影响人的健康和仪器正常运转。为防止这个问题，航天员在

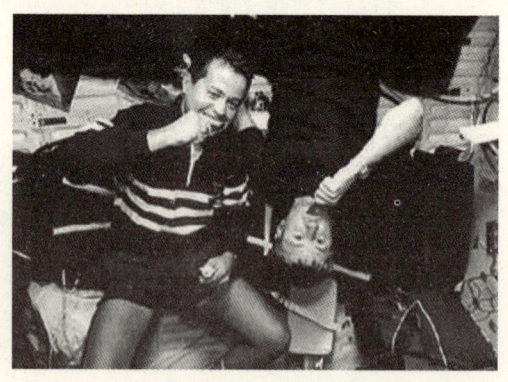

图 2.48　在太空中刷牙

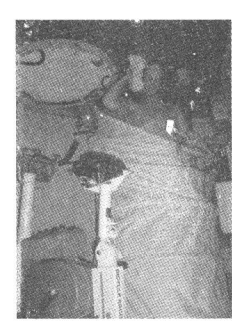

图 2.49　在太空中洗澡

刷牙时，用手指醮上牙膏来回蹭几下，然后再用湿毛巾把牙齿擦干净，刷牙就算完成。美国还曾采用一种特制的橡皮糖，让航天员充分咀嚼以代替刷牙，达到清洁牙齿的目的。洗脸也差不多，用毛巾醮水擦一下就算完事。

在太空中洗澡更为麻烦。航天员要把脚套在一个固定的环里，不然飘浮的身体被水一冲会不停地翻跟头。失重状态下的水全是一粒粒的小水珠，很容易呛伤人，甚至呛死人，所以洗澡时，航天员还要戴上呼吸罩和护目罩。洗完澡后，身上的污水不会自动流下来，需要开动水泵连同空气一起抽走，沾在帆布罩上的水也得用水泵抽走，洗一次澡，真正的洗澡时间只有 15 分钟，可清理污水和其他准备工作却需 45 分钟。

后来，科学家对太空浴室进行了一些改进。比如俄罗斯"和平号"空间站的浴室像是一间桑拿室。航天员进去后经过一段升温，使身体出汗，然后用湿毛巾擦洗。由于不方便也不

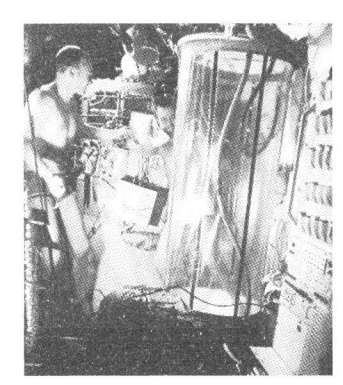

图 2.50　太空浴室

图 2.51　女航天员梳妆图

图 2.52　左图为太空洗发，右图为太空理发

舒服，"桑拿室"又改成了一个像睡袋一样的装置。航天员洗澡时，袋内有清水和浴液射出，搓洗完毕后，可以打开袋下的抽风机，把脏水抽走。美国航天飞机上的浴室是个浴罩，浴罩下部也安有抽风机。航天员洗澡时打开淋浴龙头和抽风机，上面喷水下面抽水，会形成如同地面一样的淋浴效果。

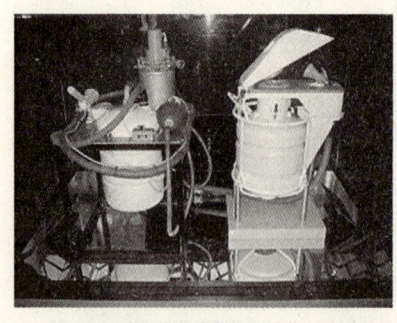

图 2.53　太空中的废物处理设备和马桶

太空理发也很不容易，因此无论男女航天员在上天之前都要把头发理得尽量短些。但是长时间的飞行，头发又会长长，怎么办呢？航天员必须发扬团结精神互相帮助，一人理发，一人拿着吸尘器吸走剪下

的头发。

航天员刮胡子一般使用电动剃须刀，使用时还必须十分小心胡子茬从剃须刀边漏出来。太空舱本来就十分狭小，环保问题就显得极为重要。如果细小的胡子茬飘在座舱里，清理起来会十分困难。

大小便对于航天员来说也是一个很棘手的问题。为了解决这一难题，美国"奋进号"航天飞机上就装备有一种太空马桶，造价高达2340万美元。这种马桶可储存处理更多粪便，有独立的尿液分离器，可将尿和粪便分开处理。上太空厕所的第一步是要将自己固定好，否则就不能把粪便排到马桶里；其次是屁股必须与马桶的边缘贴紧，使马桶内部与外边完全密封。如果马桶内部与外边不能完全密封，气流不能将大小便带走，大小便就会飘逸出来，在座舱中形成"天女散花"，后果不堪设想。

锻炼身体——生命在于运动

太空环境极端恶劣，各种环境因素都可能危害航天员的健康。为了确保航天员的身体健康与安全，必要的医学保障是不可缺少的。医学保障中最重要的一项任务就是保证航天员在太空中有正常的生活制度、充足的营养和坚持体育锻炼。

坚持体育锻炼除了能增强体质外，还有其特殊意义，它增强对失重及其他航天环境的适应能力，减少航天飞行中不良环境对航天员的有害影响。在太空中常用的体育锻炼器材有跑台、健身自行车和下身负压装置。例如使用下身负压装置可以在微重力状态下造成人体下半身负压，用以对抗体液向头部转移、减轻心血管功能障碍。

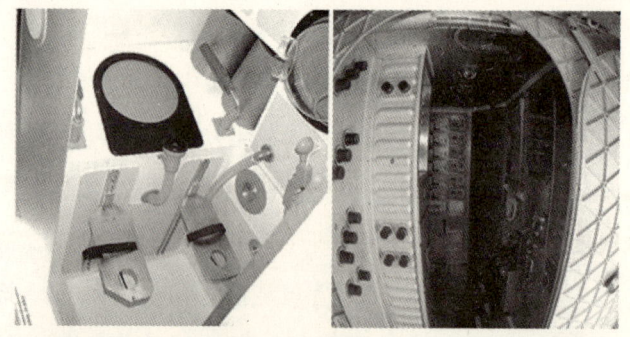

图 2.54 左图为俄罗斯制造的太空专用厕所系统，右图为空间站上的废物处理间，厕所就在其右下方

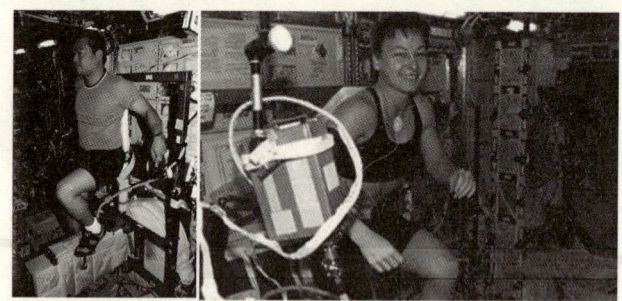

图 2.55 在太空中不一样的跑步运动（组图）

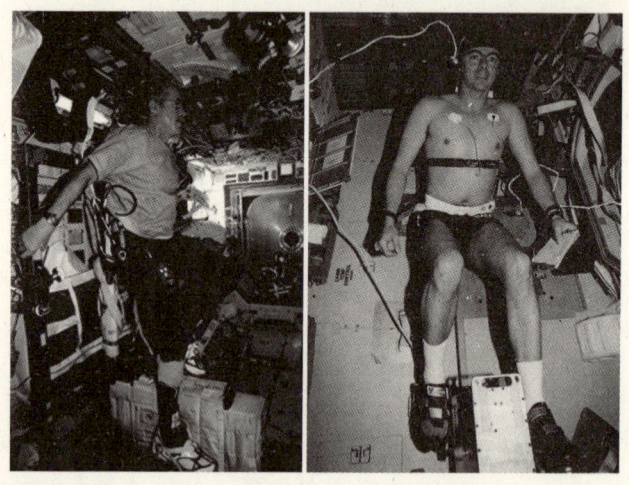

图 2.56 航天员在太空中想尽一切办法来锻炼身体（组图）

图 2.57 身系蹦极安全带在"星辰"服务舱带有隔震系统的跑步机上训练

链接：苏尼特·威廉斯——在太空跑马拉松

2007 年 4 月 16 日，国际空间站上的美国女航天员苏尼特·威廉斯度过了非同寻常的一天。她以正式参赛选手身份在太空中参加了当日举行的波士顿马拉松赛，并以 4 小时 23 分 46 秒跑完全程，成为世界上第一个在太空跑马拉松的人。NASA 随后发表声明说，在距离地球表面约 338 千米的空间站内，威廉斯借助一台跑步机跑完了马拉松赛程。

图 2.58 身着航天服的美国女航天员苏尼特·威廉斯（1966—　）

参赛号牌宇航局专送

41 岁的威廉斯是波士顿马拉松赛的正式参赛选手，赛事组办方给她签发了号码为"14000"的参赛号牌。但由于情况特殊，这个号牌无法直接送到威廉斯手中，组办方只能为她特制一个电子版号牌，并委托 NASA 将其传送到国际空间站。不过在太空比赛的威廉斯并不寂寞，她的姐姐迪娜·潘地亚以及另一名航天员同事卡伦·尼贝里同时在地面参赛，与威廉斯"天地呼应"。

借助跑步机完成比赛

16日晚22时，身在太空中的威廉斯和地面参赛者同时起跑，所不同的是，她是在贴着"14000号"的跑步机上参赛。为了应付太空中失重的状态，威廉斯专门用两条绳带将自己"绑"在跑

图2.59　2006年12月16日，苏尼特·威廉斯进行太空行走

步机上，跑步机两边还各装有一台笔记本电脑，以便她既能看到波士顿马拉松赛现场，又能知道空间站的运转状况。

比赛开始数分钟后，NASA地面指挥人员对空间站中威廉斯的同事迈克尔·洛佩斯·阿莱格里亚说："团队都在为她欢呼，我们估计她已经跑完42千米。"

4小时23分46秒跑完全程

在太空完成马拉松并不轻松，失重的状态让威廉斯的速度慢了不少，最终她以4小时23分46秒跑完全程。

马拉松爱好者威廉斯

威廉斯是一位马拉松爱好者，她在2006年1月的休斯敦马拉松赛中进入女子组前100名，因此获得了波士顿马拉松赛的参赛资格，当时威廉斯的地面比赛成绩为3小时29分57秒。而在太空中由于重力、跑步设备等条件所限，同样的赛程相对用时要

图2.60　苏尼特·威廉斯在太空中的跑步机上练习，积极备战马拉松

长得多。

2006年12月，威廉斯飞赴空间站，成为第14期考察组成员。之前她已经为这次马拉松赛在空间站加强锻炼了几个月，每个星期至少跑4次，2次长跑、2次短跑。她希望自己独一无二的赛跑方式能够激励青少年积极锻炼，"我想鼓励小孩子们从现在开始把锻炼身体当作日常生活的一部分，像马拉松这样的大目标可以帮助我更好地向他们表达这一点。"

特殊挑战：绳带固定肩臀部

在太空跑马拉松，威廉斯遇到了比其他参赛选手更多的挑战。她跑步时要借助"震动隔离系统"，以防止跑步震动整个空间站以及在失重状态下飘浮。这套系统用绳带固定她的肩

图2.61 苏尼特·威廉斯在国际空间站的跑步机上同步参加波士顿马拉松赛，"14000"就是她参加马拉松的编号。

部和臀部，使本已漫长的马拉松对威廉斯来说更加艰难。此外，汗珠在空间站中会粘在威廉斯身上，这也增加了她跑步的不适感。

"在那东西上跑那么长时间简直是一种折磨。"同事洛佩斯·阿莱格里亚说，"为了给威廉斯训练时增添点乐趣，我们向她扔海绵，以转移她的注意力"。

由于跑步机出过故障，威廉斯在接受美联社记者采访时曾开玩笑说："它要是比赛时坏了，我就解脱了。马拉松对我是个大挑战，对这台机器也是个大挑战。希望我俩都能坚持到底。"

特殊优势：不必忍受风雨

虽然艰苦，但"高高在上"的威廉斯也拥有地面参赛者不具备的优势。空间站内温暖如春，恒温约25℃，无风、无雨，威廉斯只需穿T恤短裤跑步。而她的姐姐迪娜·潘地亚和地面上其他2.4万

图 2.62 苏尼特·威廉斯

名选手必须忍受阴冷的天气，顶着风雨长跑。

在太空中跑步对威廉斯身体也有益。威廉斯此前就已打破一项纪录。2007 年 2 月 4 日她和洛佩斯·阿莱格里亚成功完成太空行走，从而使自己太空行走累计时间达到 22 小时 27 分钟，成为迄今在太空中行走时间最长的女航天员。

当有人问到她成功的秘诀时，威廉斯回答说："心怀梦想，付出努力，就能成功。"

心理挑战——做"神仙"也有烦恼

航天员在太空飞行中，并不总是心情愉快。想象一下几个人长期处在密闭狭小的座舱中，与地面有限的联系及失重所造成的不适感都会使航天员产生一种被遗弃的感觉。他们会出现一系列的心理问题，如忧虑、厌倦、抑郁、思念亲人、人际关系紧张等。这些心

图 2.63 左图为太空音乐会，这不失为一种放松和解压的好办法。右图为太空高尔夫。航天员想尽一切办法在太空中尝试各种活动，以放松自己，缓解压力

理反应如不克服，将会影响到航天员的健康和工作。

美国和俄罗斯飞行的经验表明，敌意不仅限于航天员之间，航天员与地面控制人员之间也会发生争吵。航天员有时故意不接受地面人员的指挥，而想自由飞行；有的需要安静地待一会儿，不喜欢地面人员不断地打扰他们；他们有时掩盖自己的情绪和反应，当爆发时，则将怒气发泄到其他航天员和地面工作人员身上，以减轻他们的烦恼。这种情绪常有周期性的变化，时好时坏。例如，地面指挥站需要德国航天员克雷蒂安在"和平号"飞行中进行一系列的生理功能测试。测试实验时，需要安装一些仪器，这名航天员抱怨实验太复杂，他在飞行报告中说："我要花两个半小时来安装这些仪器，复杂的实验使人觉得像实验动物一样，如果'和平号'上窗户开着，我将把这些装置扔出去。"

除此之外，国际空间站的航天员来自不同的国家和不同的民族，因为语言和社会文化的差异，更容易导致成员间关系紧张或分歧。在"和平号"空间站的飞行中，美俄航天员和地面工作人员对一项任务的理解差异会很大，生活上也感到很不习惯。例如，有的美国航天员与俄罗斯航天员在一起时感到自己很孤立，因为很多操作使用的是俄语，美国航天员不熟悉，他们的创造性也不能发挥出来，像是局外人。有的美国航天员抱怨说自己"像一头替罪羔羊"。

为了减少国际空间站中出现的航天员心理障碍，我们采用了很多心理支持方法。在飞行前，加强航天员心理素质的选拔和训练，让同一飞行组的航天员们较长时间生活在一起，互相熟悉，建立友谊，并学习对方的语言和文化。在飞行中定期让航天员与自己家人通话，允许航天员参加自己家庭的活动和决策；允许航天员与地面信件来往；航天员可以收听本国新闻和有关消息；制定合理的工作制度，一周工作 5 天，每天工作 8 小时；定期与航天员进行私人的心理会谈，了解航天员的需要或心理方面的存在问题，心理学专家可以通过这些会谈为航天员、飞行医生和飞行控制中心提出积极的建议等。

链接：丹尼尔·布奇的日记

丹尼尔·布奇是国际空间站第四考察组的美国航天员，他在太空中喜欢记日记。透过他的日记，我们或多或少可以了解到航天员是怎样度过他们的太空生活的。

日记一：

"太空飞行的一个重要部分就是对精神的挑战，因为和你长时间相伴的只有两个人。只和两个人在密闭的空间里一起工作和生活几个月是很艰难的，如果你心情不好，也无法出去散散步。我明白我们每个人都有心情好和心情差的时候，你得很快学会别被鸡毛蒜皮的事所困扰，不能去想那些鸡毛蒜皮的事，随它去吧。我学会了心烦时向同伴倾诉，不把烦心的事放在心上。在太空上的人际关系也和地球上一样，要注意和睦相处。"

日记二：

"我们在空间站采用的是宇宙时间，每天早晨 6 点钟起床，晚上 9 点 30 分睡觉。有时，由于有事，我们得改变工作日，例如当有宇宙飞船或'进步号'太空货船要与我们太空站连接时，我们每天会收到几条必看的指令，那是我们每天工作的一部分。我们看完这些指令，再将其打印下来。我们读邮件，洗漱，吃早点，浏览一天的工作计划，还要和控制中心的地勤人员开早会。这些控制中心设在美国得克萨斯州的休斯敦、阿拉巴马州的亨特斯维尔，还有俄罗斯的莫斯科。每个控制中心都配合我们工作，或向我们派送新任务。"

日记三：

"我们的日常工作包括对所有设备的安全检查，拍摄飞船内外的照片，还要做科学实验。我们每天还有大约两个半小时的体育锻

图2.64　丹尼尔·布奇在太空中庆祝圣诞节的到来

炼时间，一般在下午5点30分吃晚餐。我们吃的是俄罗斯和美国食物，尤里告诉我们在太空口味会变。他说对了，我原本喜欢吃热的和辣的，而现在不再喜欢吃辣的食物了。还有，我原先在地球上喜欢吃的东西，现在不想吃了。我们都盼着宇宙飞船或者俄罗斯太空货船的到来，因为这意味着我们的家人和朋友会捎来新鲜的水果和很多好吃的，还有邮件和礼物。"

日记四：

"圣诞节和新年让我们有时间休息一下，但我有一种离家在外的伤感。节假日，我们大部分时间都用来睡觉、发电子邮件和看电影，还用一部与互联网通信系统连接的特制电话给朋友和家人打电话，能够和家人通电话是很特别的。当我们说我们是从太空打来电话时，人家都以为我们在开玩笑，接着便是惊讶。"

春之温婉，夏之妩媚，秋之清扬，冬之纯净，一一展现，一一流逝。时光在疾速流转，空间也一一转换，如此梦幻的太空怎能让我们不去幻想？

20 世纪 60 年代至 80 年代，美苏争霸，尤其在激烈的军备竞赛中，战争看似一触即发。可同时也就是在这种紧张的氛围里，人类所取得的航天成就一步比一步辉煌。空间站上的"礼炮"一声盖过一声响，偶偿风流的"阿波罗"也魅力四射，无可抵挡。

蔚蓝的天宇金光闪烁，溢彩的流光回转在时间的河流里，沉寂的生命在一刹那间苏醒。

第三章
直冲霄汉

不鸣则已，一鸣惊人；不飞则已，一飞冲天。

——司马迁《史记·滑稽列传》

飞向太空

宇宙速度

"更快、更高、更强"，作为奥林匹克精神的代名词为世界人民所熟知，殊不知，其实这三个词也适用于航天科学领域。只有更快的速度，才能到达更高的地方，而想要拥有更快的速度，则必须有更强大的动力。三者合一，才能冲出地球，迈向茫茫宇宙。

苹果砸出来的答案与问题

图 3.1　苹果树下的牛顿，在一颗落地苹果的启示下他发现了地球引力

在人类科学的发展过程中，一个问题的解决总伴随着新问题的出现。麦哲伦的环球航行刚证实了地球是圆的的学说，人们却又开始思考，在地球另一端，那些头朝下的人们为什么不会掉下去。在人们为这个问题百思不得其解的时候，同样困惑的牛顿坐在苹果树下，被一颗成熟了的苹果砸出了灵感。从此

人们知道了为什么自己不会掉到地球外面去，为什么一颗小石子无论被抛得多高也终会落到地面，这就是地球引力的结果。

地球引力不但让人牢牢地站在地面上，还将大量气体聚

图 3.2　徜徉在科学世界中的牛顿

集起来形成了厚厚的大气层，让人能在蔚蓝的天空下自由地呼吸，舒适地生活。在得知地球引力的存在后，人又开始有了新问题。人们开始厌倦了地面的生活，想知道在那蓝蓝的天，厚厚的白云后面隐藏着一个怎样的世界。要怎么样才能到地球外的世界去呢？这时，创造了舒适环境的地球引力成了大麻烦。

挣脱地球引力

地球引力，9.8 牛／千克，想要挣脱它，可不是件容易的事。人在跳高或跳远时都需要先助跑，似乎跑得越快，跳得就越高、越远。而科学家们也发现，想要挣脱这股地球引力，就需要用最快的速度向上冲。那到底要多快呢？答案是 7.9 千米／秒。科学家告诉我们，如果我们发射一颗炮弹，在不考虑大气阻力的情况下，速度达到 7.9 千米／秒，就可以挣脱地球引力。这时炮弹将不再落回地面，而是环绕地球作圆周飞行。

这是为什么呢？当炮弹做曲线运动时，产生的离心力刚好与地球引力的方向相反，而当它的速度达到 7.9 千米／秒时，所产生的离心力正好与地球对它的引力相等，这样炮弹就能不受地球引力的

图 3.3 挣脱地球引力，冲进太空

吸引回到地面，而是围绕地球做圆周匀速运动。这里所说的 7.9 千米 / 秒就是第一宇宙速度，也被称为环绕速度。

那是不是真的只要达到这个速度，就可以冲出地球大气层，来到太空中呢？当然不是。这个速度是在不考虑大气阻力的情况下得出的理论数据，而在地球上，没有大气阻力是不可能的。实际上，在地面起飞时，速度必须达到 9.5 千米 / 秒以上，才能真正挣脱地球引力，进入太空。

迈向宇宙深处

尽管你已经来到太空中，可 9.5 千米 / 秒的速度让你仍然只能围绕着地球转。如果想要彻底逃离地球，奔向太阳，那么就需要将速度加快到 11.2 千米 / 秒以上，这样才能彻底摆脱地球引力的束缚，逃离地球。不过逃离的路线并不是直线，而是呈抛物线形。而在你摆脱地球引力的同时，将会被太阳的引力捕捉，从而环绕太阳飞行，这时的你将和地球一样，成为太阳系的一颗新行星。11.2 千米 / 秒是第二宇宙速度，现在的行星探测器从地面起飞时的速度都必须高于这个速度。

如果你还不满足，想要逃出太阳系，到银河系畅游一番，速度就要更快了。16.7 千米 / 秒，就是我们所说的第三宇宙速度，如果想要摆脱太阳的引力，在地面起飞时就必须达到这个速度。不过这个速度是在飞行方向和地球公转方向一致的情况下计算得出的，如果方向不一致，那所需的速度就要远远大于 16.7 千米 / 秒了。

什么？畅游银河系还不痛快，你还想去更远的地方来段星际航行，那飞行的速度可就有点超出想象了。现在的我们还不能确切知道银河系的大小，不能做出准的计算，可是粗略估算一下，数值应该在 110~120 千米 / 秒之间。这个速度，目前还没有航天器可以达到。

运载火箭

尽管"只要达到第一宇宙速度，就能挣脱地球引力"这一理论早在 17 世纪就被牛顿提出，可是 7.9 千米 / 秒这个数字却直到 1903 年才由俄罗斯的齐奥尔科夫斯基准确算出，他还提出了一个概念，那就是只有利用火箭才能飞向太空。1926 年，美国人罗伯特·戈达德成功发射了第一枚液体燃料火箭。1957 年，苏联的运载火箭成功发射了世界上第一颗人造卫星。从此，人类航天史的火箭时代来临，火箭成为迈向太空必不可少的工具。

飞天动力

速度的快慢往往取决于动力的大小，比如活塞式飞机的速度一般在 0.16 千米 / 秒左右，而喷气式飞机则在 0.2 千米 / 秒左右，这是由于喷气式飞机是利用燃料燃烧时产生的气体向后高速喷射的反冲作用为动力，这样就能获得更大的推力，使飞机飞得更快。火箭也是采用这种动力方式。这就意味着，气体喷出得愈快，火箭的前进速度也就愈快。而想要气体喷出的速度快，就要求燃料能在瞬间产生巨大

图 3.4　美国"德尔塔"系列火箭

的化学反应，爆发出巨大能量。那现在火箭用的是什么燃料呢？

火箭燃料

　　火箭的燃料一般被称为推进剂，推进剂分为两种，一种是固体推进剂，另一种是液体推进剂，后者是现代火箭的主要燃料。

　　固体推进剂又被叫做"火药"。使用这种燃料的火箭，结构相对来说比较简单，而且固体推进剂放入火箭之后，可以长时间保存，火箭就可以随时点火、发射。但是，固体燃料会占据火箭内部大量空间。而且固体燃料不容易控制，一旦点燃，中途没有办法停下来，燃烧时也特别激烈，很容易造成事故。最主要的不足是，固体燃料产生的能量不足以将火箭送入太空，这也是虽然火箭已经存在很久，但人类却迟迟没有进入太空的原因。

　　液体推进剂的理论是由齐奥尔科夫斯基提出来的，他认为火箭的燃料应该可以用像汽车油门一样的东西来控制流量，也就是控制

图 3.5　图中正在向下喷射火焰的巨大物　　　　　图 3.6　中国 KT1 小型全固体火箭
体就是送航天飞机进入太空的固体推进剂

推力，这样就可以很好地控制火箭。不过液体推进剂有一个明显的不足就是不易储藏。因为这些液体燃料需要在 -200℃左右的环境中储藏，否则就会汽化。1926 年，齐奥尔科夫斯基的理论被美国人罗伯特·戈达德实践，后者研制了世界上第一枚液体燃料火箭，而 1957 年，苏联的第一颗人造卫星的升空更证明这种理论是正确的。

　　那液体推进剂里到底有什么呢？其实液体推进剂分为两个部分，分别为氧化剂和燃烧剂。燃烧剂很好理解，就是可以燃烧的东西，比如煤油、液氢等，都是火箭的常用燃烧剂。那氧化剂是什么呢？大家都知道，物体燃烧除了要达到燃点外，最重要的就是要有氧气。出了大气层后，氧气就不存在了，如果想要火箭继续燃烧前进就需要自带氧气，这就是氧化剂，常用的液体氧化剂有液态氧、四氧化二氮等。

图 3.7　左图为靠液体推进剂升空的火箭，右图为"质子号"系列运载火箭，此火箭所应用的就是液体推进剂

多级火箭

解决了火箭燃料的问题，火箭是不是就可以飞入太空了呢？答案是没有这么简单。

齐奥尔科夫斯基所提出的火箭公式指出火箭的质量比越大，火箭飞行能达到的速度就越高。那什么是火箭的质量比呢？火箭的质量比就是火箭起飞时的质量（包括推进剂在内的质量）与发动机关

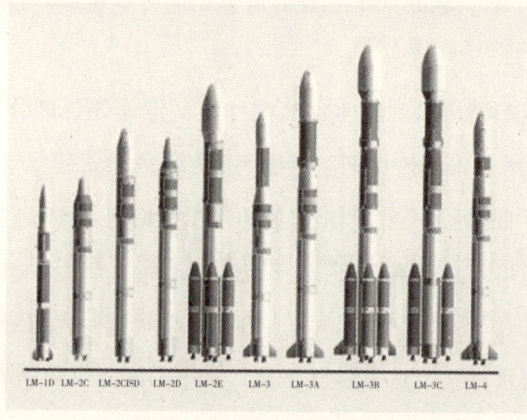

图 3.8　中国"长征号"系列火箭

机时刻的火箭质量之比。质量比大，就意味着火箭的结构质量小，所携带的推进剂就多。

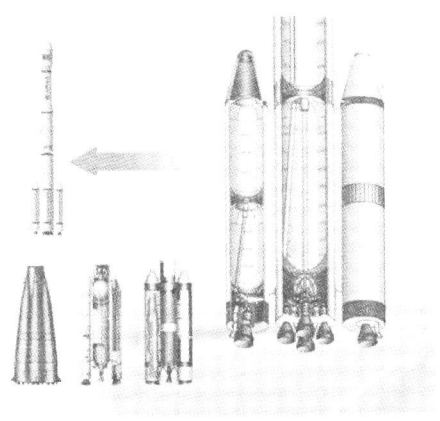

图3.9　运载火箭的捆绑技术

齐奥尔科夫斯基经过测算发现，如果要使火箭离开地球，火箭的质量比要达到11以上才行，也就是说，推进剂要占火箭总质量的91%以上，这可比蛋清蛋黄占整枚鸡蛋的分量比重还大。但是像软皮蛋一样单薄的火箭是造不出来的，即使造出来了也无法使用。现在火箭不是已经上天了吗，那问题肯定是解决了。没错，齐奥尔科夫斯基的测算结果是在单级火箭的前提下得出的，他在发现单级火箭实现不了宇宙速度的情况下，做出

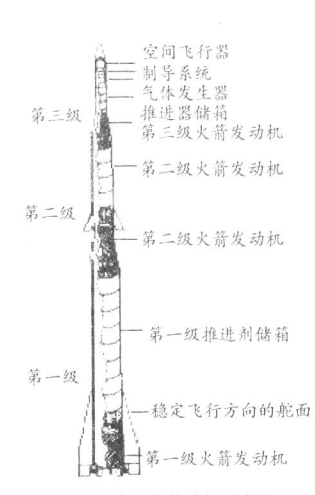

图3.10　多级火箭分级示意图

了一个大胆的想象，那就是将火箭的推进剂分级。也就是说将火箭的推进剂像梯田一样分层，在火箭发射时，让最下面一层先工作，完成任务后就脱离，接着启动上面一层，进一步提高速度。这样轻装前进，逐级提高，总能达到所需要的宇宙速度。这就是多级火箭。齐奥尔科夫斯基的理论被再一次证明是可行的，我们现在看到

的都是多级火箭。

不过火箭的分级也是有限度的，因为对下面一级火箭来说，前面的各级火箭都是它的有效载荷。理论计算和实践经验表明，每增加 1 份有效载荷，火箭需要增加

图 3.11　苏联 N–1 火箭前三级

10 份以上的质量来承受，随着火箭级数的增加，最下面的一级和随后的几级变得越来越庞大，以致于无法起飞，所以多级火箭一般不超过 4 级。

图解火箭

火箭的动力问题已经解决了，现在火箭已经竖立在发射台上准备发射了，下面我们就来从头到脚认识一下它吧！

头部

火箭的顶端被称为头部，火箭的有效载荷就在这里。有效载荷是指火箭的运载对象，即航天器，如人造卫星、飞船、空间站及空间探测器等。

整流罩

整流罩是火箭上有效载荷的包封部件，它的作用是在大气层内飞行时保护有效载荷，使有效载荷免受气动加载和

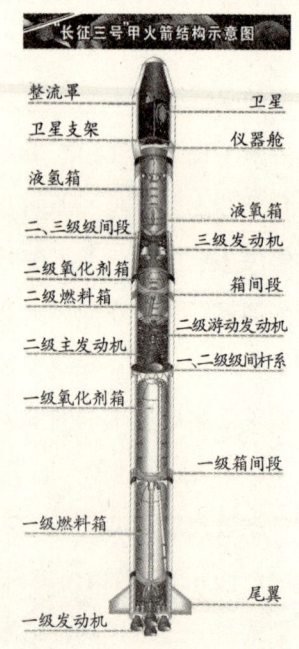

图 3.12　中国"长征三号"火箭结构示意图

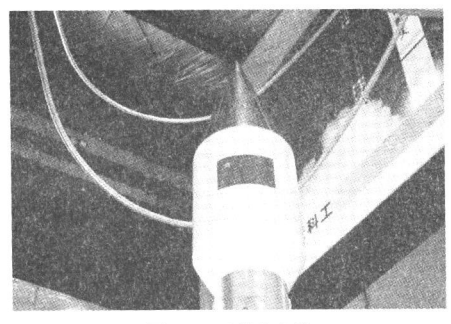

图 3.13　火箭的头部

图 3.14　火箭的整流罩

气动加热的影响，因此，整流罩需要有足够的刚度。但是火箭的质量需要越小越好，所以也就要求整流罩的结构质量小。除此之外，整流罩还需要具有良好的无线电波穿透性，当有效载荷为载人飞船时，就不会影响飞船与地面的联络。火箭飞出稠密的大气层后，整流罩的使命完成，会自动脱离火箭抛掉。

仪器舱

仪器舱位于有效载荷下面，是用来安装飞行控制仪器、遥测仪器和热调节设备的，一般有锥形和圆柱形两种形状。为了便于安装

图 3.15　火箭内构造复杂的仪器舱

图 3.16　捆绑在火箭上的巨大推进剂贮箱，此图是美国"发现号"航天飞机升空时所使用的推进剂贮箱

图 3.17　火箭的发动机装置

检查和操作，仪器舱上开有一些舱口，并配有快速连接舱口盖。

推进剂贮箱

推进剂贮箱就是燃料箱，这里是火箭体积最大、最重的一部分，几乎是整个火箭质量的 90%。推进剂贮箱的主要功能自然是贮存推进剂，贮箱分为上下两层，中间为蜂窝状夹层，将氧化剂与燃料隔开。为了减少液体蒸发，贮箱还需要采取充分的隔热措施，隔热的方式有很多，最广泛的做法是用泡沫塑料来隔热。

而作为火箭最大的一部分，推进剂贮箱还承担了火箭承力结构的重任，主要承受轴向载荷、弯矩和内压力。

发动机推力结构

发动机推力结构是安装发动机的部位，它的另一种功能是把推力均匀地传给推进剂贮箱，控制燃料的燃烧。

尾舱

尾舱位于火箭的尾部，它的作用是让火箭能安全地竖立在发射台上，同时又是发动机的保护罩。一般尾舱上会装有尾翼，用来增加火箭的静稳定性，改善火箭的稳定控制性能。

级间段

级间段是多级火箭级间的连接部件，也就是分离机构。级间段由爆炸螺栓（或爆炸索）和弹射装置（或小火箭）组成。平时，它们由爆炸螺栓或爆炸索连成一个整体。分离时，爆炸螺栓或爆炸索爆炸，将连接解开，然后由弹射装置或小火箭将两部分分开，不过有时候是借助前面一级火箭发动机启动后的强大射流分开的。

图 3.18 火箭底部，尾舱即位于此

图 3.19 火箭的分离

链接：“联盟号”火箭

"联盟号"火箭是目前世界上可靠性最高的火箭之一，发射成功率为 98%，于 1963 年首次发射，后来不断改进。

现在的"联盟号"火箭由上、下两部分构成，下半部分包括第一级、第二级和第三级。第一级由 4 个助推火箭组成，长 19.6 米，

图 3.20 矗立在发射台上的"联盟号"火箭

图 3.21 正在发射升空的"联盟号"火箭

直径 2.68 米；第二级称为"芯级"，被第一级的 4 个助推火箭围在中间，长 27.1 米，直径 2.95 米；第三级长 6.7 米，直径 2.66 米。整个下半部分采用液氧和煤油作燃料。上半部分包括第四级（"弗雷盖特"上面级）、有效载荷适配器、整流罩及有效载荷（如"金星快车"）。"弗雷盖特"上面级长 1.5 米，直径为 3.35 米，采用偏二甲肼和四氧化二氮作燃料。上面级、有效载荷适配器和有效载荷都包裹在整流罩中。

"联盟号"火箭发射"金星快车"时，第一级和第二级同时点火，第一级只燃烧不到 2 分钟，就关闭并分离。此时第二级继续燃烧 3 分钟，在第二级关闭前的 2 秒，第三级点火，接着第二级分离。待第三级燃料烧尽后，与火箭的上半部分分离。

图 3.22　被放在拖车上即将送进发射场安装的"联盟号"火箭

图 3.23　"联盟号"火箭发射"联盟 TMA-5"飞船和飞船上的 3 名航天员

链接：美国火箭之父——罗伯特·戈达德

罗伯特·戈达德（1882—1945），是美国最早的火箭发动机发明家，被公认为"现代火箭技术之父"。

液体火箭是齐奥尔科夫斯基、埃斯诺·贝尔特利等火箭与航天先驱者所极力倡导的，但由于条件所限，他们没有完成液体火箭的研制，而只能进行一些理论研究。20

图 3.24　罗伯特·戈达德

世纪 20 年代初，另一位航天先驱罗伯特·戈达德终于研制成功了液体火箭。由于他非凡工作的影响，很快在世界范围内，掀起了火箭研究热潮。十几年后，液体火箭便达到了实用化。因此罗伯特·戈达德也被称为"美国火箭之父"。

1882 年戈达德出生在美国一个新英格兰后裔家庭。戈达德的父亲厄内姆·戈达德思想开明且具有创造才能。他们家很早就安装了电灯，并买了当时还算是奢侈品的留声机。这两件东西几乎使幼年的戈达德完全着了迷，少年戈达德的脑子里经常会冒出一些奇思异想，对未知世界的强烈好奇心使戈达德在学习上刻苦努力。由于喜欢追求新奇的东西，他一直热衷于阅读美妙的科学幻想小说，凡尔纳的《从地球到月球》以及威尔斯的《星际战争》使他少年时期就对太空飞行无限渴望。在他的自传中，他承认这些小说大大激发了他的热情和想象。他认为，这些小说"完全抓住了我的想象力。威尔斯奇妙的真实心理描写使事情变得十分生动，而其所提出的面对奇迹的可能途径总是让我想个不停"。

1904 年，22 岁的戈达德考入伍斯特综合技术学院。他把志向定在自己喜爱的物理学上。他的丰富想象力和好奇心在学校里是出了名的。1908 年他在该校毕业，获科学学士学位，不久，他又进入克拉克大学攻读硕士学位，1910 年获硕士学位，第二年又获得了博士学位。此后，他的主要精力都用在了火箭研究上。他当时的笔记本上写下了大量研究心得、数学计算和公式推导，形成了火箭运动理论的初步框架。1911 年，他将一枚固体燃料火箭放在真空玻璃器内进行点火实验，证明火箭能在真空中工作。

1919 年，他写了一篇题为《达到极大高度的方法》的论文，论述了火箭运动的基本数学原理，并提出将火箭发往月球的方案，

图 3.25　罗伯特·戈达德和他的火箭

图 3.26 罗伯特·戈达德和工作人员正在把他们研制的火箭安装到实验台上

"制造重 598.2 千克的火箭,可以把 0.9 千克的镁送到月球,火箭撞月时将镁点燃,镁的明亮闪光可持续几秒钟,在地球上用望远镜可以看到它"。由于一些媒体的夸大宣传,褒贬纷至沓来,一时间,"月球火箭"成了戈达德的代名词。

然而,戈达德不受社会舆论的影响。从 1920 年开始,他白天在大学任教,业余时间从事液体火箭研究和试验。在经历了无数次的失败挫折后,1925 年 12 月,一台长 0.6 米、重 5.5 千克的小型液体燃料火箭发动机,以煤油和液氧为推进剂,成功地工作了 27 秒钟。1926 年 3 月 26 日,以这种发动机为动力、带有两个推进剂贮箱、高 3.04 米的火箭,从一个简陋的铁架子上发射成功。虽然火箭的飞行时间只有 2.5 秒,达到的高度只有 12 米,但这次成功发射的第一枚液体燃料火箭,却是宇宙航行事业发展史上一个重要的里程碑。

附录:戈达德液体火箭研究的过程

1925 年 12 月 6 日,火箭发动机成功点火工作了 27 秒;

1926 年 3 月 26 日,第一枚液体火箭发射试验成功;

1926 年 4 月 3 日,第二枚液体火箭发射试验成功,飞行高度 16 米;

1929 年 7 月 17 日,第四枚液体火箭发射试验成功,飞行了 53 米;

1930 年 12 月 30 日,第五枚液体火箭发射试验成功,飞行高度 600 米,飞行距离 300 米,飞行速度达到 800 千米/时;

1932 年 4 月 19 日,首先采用了现代火箭目前仍然使用的程序控制系统，采用陀螺控制燃气舵的火箭飞行试验成功；

1935年3月8日，安装降落伞的火箭试验成功，最大射程已达20千米，并首次超过音速；

1935年3月28日，液体火箭飞行高度达到1450米；

1935年5月31日，首次在火箭上安装了高度计，飞行高度达到2330米；

1935年12月17日，液体火箭发动机在工作时推力达到了214千克；

1941年1月6日，新的发动机的推力达到了447千克。

第二次世界大战爆发后，戈达德到处写信，想把自己的研究成果用于反法西斯战争，并为海军和陆军航空部研制了一种帮助飞机起飞的液体助推火箭。但是这时的戈达德的身体已经非常虚弱了，他不顾朋友和医生的忠告，仍然忘我地工作，取得了许多研究成果。结果在日本投降的前两天，即1945年8月10日，戈达德逝世。

戈达德一生获得212项火箭研究方面的专利，为火箭事业做出了重大贡献。美国政府将宇航局的一个空间飞行中心命名为"戈达德空间飞行中心"。在这个空间中心的入口处建有一块纪念碑，碑上刻着戈达德的一句名言——"很难说有什么办不到的事情，因为昨天的梦想可以是今天的希望，而且还可以成为明天的现实。"

图3.27　在实验室中的罗伯特·戈达德

图3.28　马里兰"戈达德空间飞行中心"

对于他的工作，冯·布劳恩曾这样评价过："在火箭发展史上，戈达德博士是无所匹敌的，在液体火箭的设计、建造和发射上，他走在了每一个人的前面，而正是液体火箭铺平了探索空间的道路。当戈达德在完成他那些最伟大的工作的时候，我们这些火箭和空间事业上的后来者，才仅仅开始蹒跚学步。"

我们都熟悉齐奥尔科夫斯基的名言："地球是人类的摇篮，但人类不会永远生活在摇篮里，首先，他们将小心翼翼地穿出大气层，然后便去征服整个太阳系。"比较这两位科学伟人，他们的事业理想如此一致，这绝不是偶然的。

发射窗口

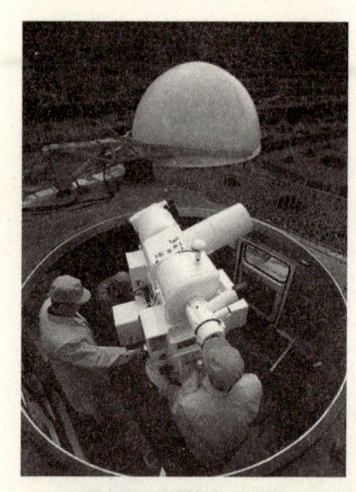

图 3.29　观测气象和天气

火箭已经在发射台上竖立了很久了，为什么还不发射呢？嘘，不要急。中国人有句老话叫做"天时、地利、人和"，做任何事情，如果这三者都具备了的话，事情就会十分顺利了。火箭发射也是这样的，而我们现在等的正是天时，一个适合火箭发射的时间范围，这就是发射窗口。而这个时间范围的大小就是发射窗口的宽度。窗口宽度有宽有窄，宽的以小时计，甚至以天计算，窄的只有几十秒钟，甚至为零。

其实，对火箭本身来说，没有太严格的发射窗口限制，什么时间发射都可以。不过，当火箭用来发射航天器时，就不能随时发

图 3.30　位于我国西昌发射中心的发射塔架

射了。由于每个航天器承担的任务不同，航天器上安装的仪器、设备使用要求不同，所以对发射窗口的要求也不同。比如发射侦察卫星、气象卫星时就需要有充足的日照，方便卫星上的可见光遥感器能很好地遥感地面的图像。因此，发射这类航天器的发射窗口都选在白天。那用于太空出舱活动的载人飞船的发射应该选择一个怎样的发射窗口呢？

首先考虑到的是日照，但和发射气象卫星要求的日照不同的是，这里所说的日照是指飞船进入轨道时，需要在地球受到太阳照射的一面。这是因为飞船上一般采用太阳能电池供电，进入轨道，发动机关机

图 3.31　密切关注天气情况，以选择最佳发射窗口

后，太阳能电池翼需要立即发电供飞船使用，所以阳光是必不可少的。

地球和太阳的位置也是要考虑的因素之一。当飞船进入轨道后，需要调整飞行姿态以进入稳定的飞行姿势，这时就需要用到姿态测量设备。这些设备如红外地平仪、太阳敏感器等，都需要以地球或太阳为参照物，所以就需要飞船、地球、太阳三者处在一个相对较好的位置。

载人飞船是需要返回地面的，返回时一般都选在白天，以便于寻找落地后的飞船，并且气象条件要好，不能是大风等恶劣天气，以便于降落伞打开。这些都是选择发射窗口时要考虑的。

由于发射窗口是根据航天器本身的要求及外部多种限制条件经综合分析计算后确定的，再加上太阳、地球和其他星体的相对位置在不断变化，所以发射窗口通常都是不固定的，有时在早晨，有时在傍晚，有时在白天，有时在夜里。

一旦由于火箭临时出现故障，或由于天气等其他原因，不能按时发射而错过了发射窗口，就只能等待下一个发射窗口。

图 3.32　测试风力和风向

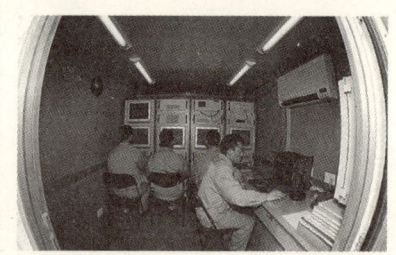

图 3.33　全面准确地分析各种数据，以选择最好的发射窗口

飞天一刻

终于到了最激动人心的一刻了，倒计时数秒："……6，5，4，3，2，1，点火！"火箭带着白白的轻烟冲上云霄，抛逃逸塔—助推器主令关机—助推器分离— 一级主令关机— 一、二级分离—整流罩分离—二级主发动机主令关机—船箭分离—变正圆轨道，我们的飞船终于在太空中自由翱翔了，接下来，就该打开舱门，走出去了。

链接：载人航天其余六大系统

发射场系统

发射场是火箭发射的地方，火箭发射前的所有准备工作都在这里完成。发射场系统需要为火箭、飞船、有效载荷提供满足技术要求的转载、总装、测试及运输设施，为航天员提供发射前的生活、医监、

图3.34 中国四大卫星发射中心

医保和训练设施，为载人飞船发射提供全套地面设施，对载人飞船实施测试，完成运载火箭上升段的跟踪测量和安全控制，为航天指

挥控制中心提供有关参数和图像，提供载人航天发射区的后勤服务保障。

航天员系统

航天员既是飞船的乘客又是飞船的主人。在复杂的太空环境里生活和工作，要求航天员不仅要有非常健康的身体，同时还要有良好的心理素质，优秀的品质，丰富的航天知识和熟练操作飞船的技术，因此，航天员系统担负着航天员的选拔和对航天员

图 3.35　航天员，既是飞船的乘客，又是飞船的主人

进行各种训练的任务。除了选拔训练航天员，航天员系统还需要对航天员实施医学监督和医学保障，为航天员提供航天食品、航天服、个人救生装备以及空间医学试验的仪器和设备等。

图 3.36　冲出地球，在太空中飞行的航天飞机

载人飞船系统

载人飞船系统是载人航天工程中技术最复杂、最重要的系统。飞船的作用是为航天提供一个与外界密闭的生存空间，将航天员送上太空并安全返回地面，同时，还作为各种空间试验装置的载体，为进行各种空间试验提供了平台。

载人飞船系统由多个分系统组成，一般包括：乘员支持分系统、有效载荷分系统、电源分系统、推进分系统、制导导航和控制分系统、仪表照明

分系统、结构和机构分系统、热控分系统、环境控制与生命保障分系统、测控通信分系统、应急救生分系统、着陆回收分系统、数据管理分系统。

测控通信系统

七大系统中，测控与通信至关重要。打个比方，航天器好比是风筝，测控站和分布在三大洋的远洋测量船就是牵住风筝的那一根线，地面的控制系统就像放风筝的人，测控与通信总体方案设计水平的高低，直接关系着载人航天工程的成败。不管是在火箭发射时，还是飞船上天飞行时，或者飞船返回时，都需要靠测控通信系统保持天地之间的经常性联系，完成飞船遥测参数和电视图像的接收处理，并对飞船运行和轨道舱留轨工作进行测控管理。

飞船应用系统

这个系统是飞船的有效载荷，由各种试验用的仪器、设备和装置组成，安装在飞船的各个部位，它的任务是利用飞船在太空飞行的机会，充分利用太空环境和条件进行生命科学、材料科学、空间物理、空间气象学等多学科试验，并且分析试验数据。同时，应用系统还需要进行对地观测试验，并且要与负责接收实验数据的地面站进行联系，将数据传回给地面。

图 3.37　中国目前最先进的远洋测量船："远望 5 号"和"远望 6 号"

着陆场系统

着陆场系统的主要任务是：飞船返回时，从返回舱再入大气层开始，利用先进的无线电测量系统，对返回舱进行捕捉、分析和落点预报，在返回舱落地后，能迅速搜找到返回舱，并且对返回舱进行处置，然后将其安全运回基地。

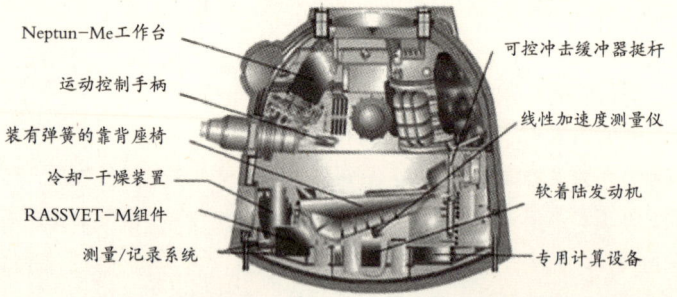

Neptun-Me工作台
运动控制手柄
装有弹簧的靠背座椅
冷却–干燥装置
RASSVET-M组件
测量/记录系统

可控冲击缓冲器挺杆
线性加速度测量仪
软着陆发动机
专用计算设备

图 3.38　俄罗斯"联盟 TMA"飞船返回舱构造示意图

要让在 300 多千米高空飞行的飞船准确降落在旋转着的地球上的预定地点，肯定不是一件简单的事情，它需要多种技术保障。苏联曾有一次飞船返回时，因控制系统发生偏差，飞船偏离预定着陆点 1000 多千米。结果当飞船降落到距地面一定高度时，3 名航天员从飞船弹射出来后（那时是乘降落伞着地，不是乘飞船直接着地），有 2 名航天员落地了，还有 1 名航天员掉到

图 3.39　飞船着陆场上用于跟踪、捕获飞船返回舱的大型光学跟踪记录仪

了森林里。由于直升机无法在森林着陆，只得专门派伐木工人紧急赶至现场，开辟一个停机坪，让直升机降落才把人救走。当时天气很冷，航天员在森林里冻了一天一夜，差点冻死。所以除了飞船的控制、跟踪技术非常重要外，飞船着陆场地的选择和建设也是非常有讲究的。

出舱倒计时

广阔无声的宇宙空间，一般飞船正在围绕着地球飞行，飞行的姿态看起来是那么孤独，但是飞船里面人们正在忙碌着，准备走向未知的明天。

出舱时机的选择

航天员什么时候出舱、出舱干什么也都不是由航天员决定的，而是由地面监控组的专家决定的，地面上的专家对各种情况进行衡量后，制订出详细的出舱任务计划，然后再指挥太空中的航天员进行出舱活动。

如同火箭发射需要选择发射窗口一样，太空出舱也是需要选择时机的。当航天员出舱活动时，飞船就不能再保护航天员了，这时航天员将

图 3.40 太阳风对地球磁场的影响

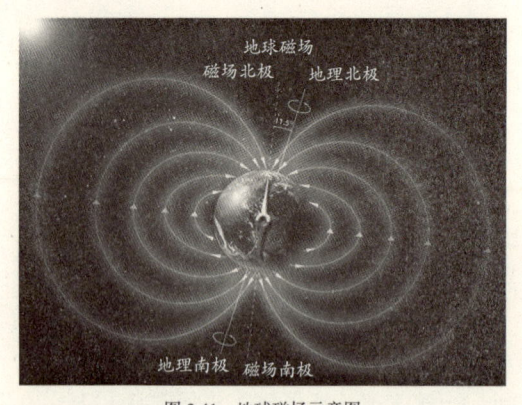

图 3.41　地球磁场示意图

穿着出舱航天服直接暴露在宇宙中，面临真空、辐射、冷黑等危险因素的考验，所以选择一个适当的时机，将这些危险降到最低，是非常重要的。

选择出舱时机首先是要避开太阳活动的高峰。太阳活动时会发出强大的短波辐射，引起地球电离层的急剧变化，很容易造成短波通信中断。此外，这种强大的辐射对人体也有很大的影响和伤害，所以人类进行太空活动时都会选择太阳活动极小年，避开太阳粒子。可是就算是太阳活动极小年，也有可能遭遇太阳粒子事件，一旦遇到这种情况，就会取消或中止出舱活动。

地球是一个很强大的磁场，而这个大磁场有个异常区域，这里的磁场强度比相邻的区域弱，约是同纬度正常区域磁场强度的一半大小，属于负磁异常。由于这里的磁场异常，使得空间高能带电粒子环境分布改变，很容易对飞船造成辐射危害，诱发飞船异常或故障。这个区域就是南大西洋异常区，飞船在穿过这个区域的时候都十分小心，唯恐出现故障，而航天员出舱活动时，这里是必须避开的区域。一般而言，一天当中，飞船避开这个区域的时间只有几个小时。

由于航天员的出舱活动需要航天员在太空中自由行动，航天员对太空环境的适应程度也是十分重要的，或者说航天员出舱前的身体状况是十分重要的。为了让航天员能更好地适应太空的微重力环境，保证在出舱活动时行动上不出现问题，一般在飞船飞行的前 72 小时内不安排航天员进行出舱活动。72 小时后，航天

图 3.42　航天员在进行太空出舱活动

员需要出舱的话，也必须通过身体检查确定心跳、血压、体温等一切正常。1969 年 3 月，"阿波罗 9 号"上航天员在飞行的第二天吃完早餐后突然呕吐，当时他正准备穿航天服，以便进行出舱活动，一小时后他又吐了一次。地面控制中心的医监和医保专家召开了紧急会议，考虑到出舱活动的安全，特别是怕航天员在舱外穿着航天服和戴着头盔时再呕吐，如果发生这种情况，呕吐物将留在头盔内没法处理，航天员还可能将它吸入肺中，造成严重后果。因此，原计划 2 小时的出舱活动不仅被推迟，而且时间也大大缩短。可见航天员的身体状况对出舱活动而言是十分重要的。

气闸舱时间

当地面传来出舱活动的指令时，航天员开始忙碌起来，他们将离开原本所在的指令舱，来到出舱的必经之路——气闸舱。在这里，航天员将为即将到来的出舱活动进行最后的准备工作，我们可以称这段时间为"气闸舱时间"。

图 3.43 未穿航天服飞进轨道舱的女航天员

航天员进入气闸舱后，一般需要先降低一点气闸舱内的压力，然后对出舱航天服进行检查，检查完毕，在航天服没有任何问题的情况下，开始穿戴航天服。穿上航天服后，需要对航天服进行测试，再次确认航天服没有问题，接下来就是吸氧排氮了。在预吸氧之前需要先将航天服内的氮气排放掉，戴上预吸氧面罩，进行预吸氧，这个吸氧的过程大概要持续 2～4 小时。当预吸氧完成得差不多的时候，就要关闭气闸舱与指令舱之间的舱门，然后再停止预吸氧，戴好出舱航天服头盔。接着气闸舱减压，并对出舱航天服进行最后的测试，一切都没有问题，气闸舱内压力减到零，打开通往太空的气闸舱舱门。

预吸氧排氮

在航天员出舱活动之前，一定要先吸一段时间的纯氧，然后才出舱，这个过程被称为预吸氧排氮。它的作用主要是将氮气从身体里排出去，这是出舱活动必不可少的一个环节，如果少了它，那可是会出大麻烦的。吸氧的时间长短视舱外航天服的压力制度而定，俄罗斯

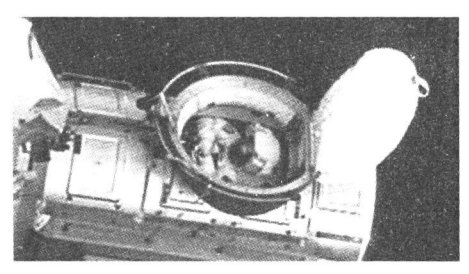

图3.44　航天员打开舱门，正在准备出舱

的舱外航天服压力较高，所以只需要吸氧30分钟就可出舱，而美国的舱外航天服压力比较低，需要吸氧4小时才能出舱。

　　飞船内部的压力制度一般是采用一个大气压，而气体成分也主要是氮气、氧气和二氧化碳，这些都和地球相似。氧和二氧化碳在血液中，有绝大部分（99％以上）会与血红蛋白的缓冲物质分别作化学结合，只有很少一部分（不足1％）会溶解到血液里。而氮气则刚好相反，它不仅不能被身体分解，而且很容易溶解在人的血液和体液组织里。这样人一旦进入低压环境，人体组织和体液中溶解的氮气就会分离出来，在血管内形成气泡，如果气泡过大过多，就会压迫人体内部的组织，使某些组织受损，或在血管内形成气栓堵塞血管，从而引发各种病症，这就是我们在第二章第一节所提到的减压病。

　　所以为了预防减压病的发生，航天员在减压出舱前，都需要预吸纯氧，并在纯氧环境中停留一定时间，使体内氮气释放出来。一般在纯氧环境中吸氧排氮4小时后，大体上可以使人体内溶解的95％以上的氮清除掉，这样就能大大减少发生减压病的机会。

　　不过美国曾采用过一种方法，使航天员出舱的时候不需要预吸氧排氮。那就是采用另一种压力制度，让飞船舱内保持1/3的大气

压力，舱内气体是纯氧。这样就不存在排氮的问题了。美国的"水星号""双子星座号""阿波罗号"飞船，都是使用这种压力制度。这种压力制度使得舱压的调节相对简单，而且由于舱体内外压差较小，使得舱内气体的泄露量小。但是人体长时间呼吸纯氧会抑制红细胞的生长，对眼鼻有刺激作用，更为严重的是舱内纯氧容易引起火灾，因为许多在氧氮混合条件下不易燃的材料在纯氧条件下会变得易燃。"阿波罗1号"做登月舱充纯氧试验时，就曾因电线碰擦引起大火，3名航天员因此死亡。从此，美国改变了飞船舱内的压力制度。

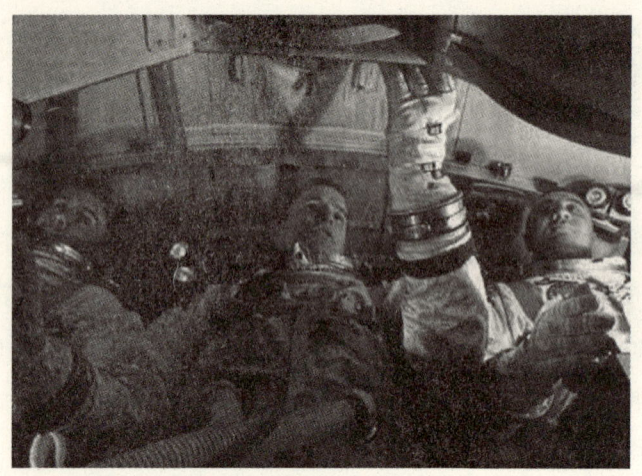

图 3.45 1967 年 1 月 27 日，"阿波罗 1 号"的 3 位航天员在驾驶舱的火灾中遇难。该照片拍摄于航天员进入驾驶舱内部时

进入太空

　　舱门内，航天员整装待发。舱门外，是充满未知的宇宙世界。薄薄的一扇门，推开它，就是另一个世界。我轻轻地说了一声："我来了，你好吗？"

轨道出舱

　　气闸舱内，航天员已经做好了一切准备，轻轻吸一口气，手放在舱门把手上，缓缓地，舱门被推开了，一望无际的太空出现在眼前。

　　当航天器在围绕地球轨道上运行时，航天员从航天器上进行出舱活动，这样的出舱活动就被称为轨道出舱。其中从绕地球飞行的载人飞船、航天飞机、空间站等地方出舱都属于轨道出舱。

　　虽然太空出舱活动又被俗

图 3.46　航天员进行太空行走

称为"太空行走"，但是"行走"这个词是不恰当的，而且很难做到。在轨道式出舱时，航天员处于零重力或微重力的重力环境中，一旦离开航天器进入太空，航天员是呈飘移状态的，就连离开航天器时，也一般是采用头朝前面朝下的俯卧姿势飘出舱门的，所以很难做到像地球上那样正常地走路。

脐带式出舱

很多航天员出舱时，出舱航天服上都会连着一根绳子，绳子的另一端则连在航天器里。这根绳子到底是什么东西呢？又是做什么用的呢？

在太空中，航天员是以近 8 千米 / 秒的速度在飘移，而且太空中没有参照物，航天员很难判断自己的方位和到底前进了多少，这样就很容易远离航天器。而航天员一旦失控，没有办法再回到航天器上的话，他就会成为一颗"人体卫星"围绕地球转动，直到重新被地球引力捕获，穿越大气层，坠落到地球上。为了防止这种因航天员离开航天器太远而回不来的悲剧发生，航天员身上会系上一条绳子，牵引着航天员。

图 3.47　脐带式出舱

这条绳子还有另外一个作用，那就是为航天员提供生命保障。这条绳子其实有一个很形象的名字，叫作"脐带"。脐带的本意是婴儿在母亲肚子里时，与母亲相连在一起的一条脐带，婴儿所需的所有养分都通过这条脐带输送给他。而出舱航天服上的脐带也是起到为航天员输送养分的作用，航天员在舱外所需要的氧气、压力、冷却工质、电源和通信等都通过脐带由航天器提供。

图 3.48 脐带式出舱行走

这种在出舱航天服上系脐带的出舱方式被称为脐带式出舱，太空出舱第一人列昂诺夫就是采用这种方式进行的出舱活动，后来有不少的航天员出舱时也都采用了这种出舱方式。这种出舱方式虽然有安全保障，可是仍然有不少缺点。在复杂的太空环境中，一条细细的绳子实在不是太牢靠，虽然这条绳子是经过特殊处理的，所用的材料也是抗辐射的高科技材料，但是在广袤的太空中，什么事情都可能发生，何况还有那些危险的空间碎片，在太空中，这些碎片造成的破坏绝不小于一颗子弹，所以航天员出舱时，都是一再小心。脐带式出舱的另一个缺陷就是不能走得太远，活动范围十分有限。这是因为脐带不能太长，如果脐带过长，航天员离开航天器太远，脐带就很容易发生缠绕，一旦发生缠绕，脐带内的养分就不能及时输送给航天员，航天员就会"窒息"而死。

由于在轨道上没有任何助力的东西，航天员很难保持平衡，更别说朝着某个固定的方位移动了，于是在航天器的外面，一般会设有扶手、足控制器等助力设备，美国的航天员就曾采用手持助力枪来保持平衡。

机动式出舱

在早期的出舱活动中，人们一直都是采用脐带式出舱，可是由于这种出舱活动的缺点太多，人们一直都在寻求更安全、方便的出舱形式。经过多年的努力，终于在 1984 年，美国航天员麦坎德利斯第一次驾驶载人机动装置在广袤的太空自由飞行，完成了世界首次不系脐带的出舱活动。而这种出舱方式我们称它为机动式出舱，目前的太空出舱活动大多采用这种形式。

机动式出舱，简单地说就是航天员身上背着一个可以控制的小火箭，依靠小火箭喷射时产生的反作用力在太空自由飞行。当航天员出舱时，可以自由控制小火箭的喷射方向，从而实现各个方向的移动，所以这种出舱方式的范围可以达到 100 米左右。

你可能要问了，在脐带式出舱中，脐带除了保证安全外，还是航天员的生命保障系统，那机动式出舱的生命保障系统是什么呢？我们不妨来看看脐带式出舱的航天员和机动式出舱的航天员外观上有什么不一样吧。发现没有，机动式出舱航天员的航天服背后还有一个背包，就好像我们平时上学背的书包一样，这个背包就是航天员生命背包，航天员出舱活动时，就靠它供给航天员氧气、压力

图 3.49　机动式出舱行走

图 3.50　机动式出舱行走，对航天器进行维修

等，航天员与航天器和地面保持通信联系也是通过它来完成。

美国航天员所使用的载人机动装置叫"舱外活动轻便救援器（SAFER）"，造价 700 万美元。这是一种有推力的小型喷气装置，结构比较小巧简单，安放在生命保障系统背包的下方。它重 38.25 千克，装有 1.36 千克氮气，有 24 个喷气装置，每个推力为 3.63 牛，可作 6 个自由度的机动控制，工作时间为 13 分钟。"舱外活动轻便救援器"喷气时能产生 15 厘米／秒的移动速度，最大移动速度为 3 米／秒。航天员可通过设置在航天服前面的开关控制喷气，实现各个方向的移动。这里有一点需要特别指出的是，美国研制的这种称之为"舱外活动轻便救援器"的设备其主要用途是针对航天员在太空中遇到危机时实施空中救援，它并不参与完成空间作业。因此，它不使用的时候可以折叠起来保存，十分的方便。

链接：出舱活动的划分和区别

关于航天员的出舱方式，我们听到过很多不同的说法，比如有脐带式、机动式，还有系绳式、自由式等。一下子冒出这么多种说法，不免让我感到不解和疑惑：它们之间有什么区别呢？其实这是由划分的标准不一样所造成的。

一般而言，从航天服的角度来划分的话，航天员的出舱方式可以分为脐带式和自携式（也就是自由式）；而要从舱外活动的角度来划分的话，则分为系绳式和机动式。说到区别，这里要特别指出的是，脐带式出舱中的"脐带"只有供气功能，而没有栓系功能，也就是说它的作用是给出舱活动的航天员提供所需要的氧气。与此相反，系绳式出舱中的绳子则只有栓系功能，而无供气功能，也就是说它的作用就是绑住出舱活动的航天员，以防止航天员飘离航天器。

登陆星球

一次次太空出舱活动的实现让人类更加了解太空，也让人类有了更多的追求。其他的星球上有什么呢？人类登陆到另一个星球上会发生什么？于是登月计划展开了。1969 年 7 月 21 日，阿姆斯特朗终于站在了月球表面向全世界宣告：人类征服了月球。

漫长的旅程

说到登陆星球，一般首先想到的就是月球与火星——这两个离地球最近的卫星和行星，可是离地球最近的它们也不是那么容易就能到达，月球距离地球大约 384400 千米，而火星离地球最近时也有 55760000 千米，一般都在 1 亿千米开外与地球遥遥相望。以我们现在飞船的速度，到达月球需要 3 天的时间，而到达火星则需要大半年的时间。而且这一段旅程是十分复杂的，我们已经知道要挣脱地球引力只要达到第一宇宙速度就可以了，可是对于飞往月球和火星，这个速度是远远不够的。月球是地球的卫星，尚在地球的引力范围以内，所以不需要达到 11.2 千米 / 秒的第二宇宙速度，而是以近 11 千米 / 秒的速度就可以进入月球的引力

图 3.51　太空中的行星

范围。但是火星则已经完全脱离了地球引力范围，属于太阳的引力范围了，所以要到达火星，必须以高于 11.2 千米 / 秒飞行才办得到。而在飞行的过程中，也需要多次调整轨道方向，才能到达目标星球。如果想要离开太阳系去更远的星球进行考察，那所需的时间更长，飞船所需的动力和速度更大，过程也会更复杂。

星球着陆

在进入星球轨道后，如何使航天器安全平稳地着陆在星球表面是十分重要的事情，要尽量减小着陆给航天器带来的影响，因为航天员还要靠它返回地球。这就要求航天器必须要实现软着陆。

所谓软着陆，就是通过减速，使航天器在接触星球表面的那一瞬间，垂直速度降低到最小值，从而实现安全登陆，目的是保证航天器上的仪器设备完好无损，如果是载人航天器着陆时，还要保证航天员的人身安全。

软着陆是个很复杂的技术，由于每个星球的大气层状态和引力，以及航天器本身的速度都不一样，所以选择软着陆的方法也不一样。下面我们就来具体分析一下月球着陆和火星着陆有什么区别。

图 3.52　探测器着陆（假想图）　　　图 3.53　"凤凰号"探测器着陆火星（假想图）

月球着陆

我们都知道，月球上没有大气，所以在着陆月球时，不会有大气层的摩擦帮我们降低速度，这样我们就无法使用降落伞减速，不过没有大气层也有好处，那就是航天器也无需采用防热措施，整个着陆过程全部都要靠计算机控制和制动火箭逐步关机来完成。如果是载人航天器，还需要航天员的手动操作予以配合。这方面的典型事例，莫过于"阿波罗"飞船的载人登月。

1969 年 7 月 16 日，美国发射了"阿波罗 11 号"载人飞船，奏响了登月计划的乐章。20 日凌晨，飞船进入环月轨道飞行。飞船绕月运行了 13 圈后，登月舱与指挥舱分离，航天员柯林斯驾驶指挥舱继续绕月飞行，指令长阿姆斯特朗和航天员奥尔德林乘坐登月舱开始奔向月面。在下降段火箭发动机的制动作用下，登月舱沿着一条弧线飞向月球，并逐渐减慢速度，依靠自动寻找目标装置朝着预定着陆区域飞行。当登月舱距月面 150 米时，阿姆斯特朗开始实施手动操纵飞行，并从窗口向外观看，寻找平整、安全的着陆地点。当距月面不到 30 米时，辅助推进系统开始工作，以调整登月舱的速度和位置。当到达距月面约 9 米的上空时，阿姆斯特朗开始驾驶登月舱盘旋，并缓缓靠向月面，最后 4 条腿的支架着地，登月舱安全地降落在月球的静海区域。登月舱质量约为 14 吨，高 6 米

图 3.54　飞船在月球着陆（假想图）

多，由下降段和上升段组成。上升段里还有上升火箭发动机，2 名航天员在月面上完成任务后，就回到上升段里启动上升发动机使他们飞离月面，而下降段就留在了月球上。

链接："阿波罗"奔月

进入奔月轨道后的第一天，"阿波罗 11 号"飞船在漆黑的空间飞奔，速度越来越慢，进入奔月轨道后，速度已降到 2.73 千米 / 秒，这是什么原因？照这样下去在到达月球以前飞船会不会停下来？细长的椭圆轨道仍是人造地球卫星轨道，飞行器

图 3.55　在月球表面飞行的"阿波罗 11 号"登月舱

以足够大的速度进入轨道后，不再需要火箭推动。飞船在地球和月球之间飞行，它受到地球和月球的引力，前者使飞船减速，要将飞船拉回地球，后者则使飞船加速奔向月球，开始时飞船离地球近，地球引力起主要作用，飞船速度越来越慢，而月球的引力微不足道。随着飞行，地球引力减小，月球引力增大，在某一位置上两者平衡，只要在这一位置上飞船的速度不降到零，以后月球引力将吸引飞船向自己靠近，飞船速度会逐渐增大，当飞船到达地、月引力相等的位置，这时的速度最小，为 0.458 千米 / 秒。

飞船一面飞行一面自转，就像在火堆上烤羊肉串一样，如果不转，向着太阳的一面温度会高达 200℃，而背着太阳的一面会出现 -150℃ 的低温。

第二天，飞船在飞行 26 小时以后要进行一次轨道修正，在从地球轨道进入奔月轨道时忽略了月球的引力，随着向月球靠近，月球引力越来越大，如果不加以修正，飞船将无法到达月球，按计算机

计算的结果,火箭进行了3秒的喷射。

第三天,地面控制中心和飞船有一段有趣的对话。地面:"过一会儿请把脏水倒到舱外去……自转飞行有些不均衡……如果有必要修正再进行联系。"飞船:"明白。以后向飞船两侧各倒一半脏水吧!"向舱外倒水会影响飞船飞行,甚至会发展到"有必要修正"的程度,这是怎么回事?很简单,在真空的宇宙,向舱外排放污物与火箭喷射气体的作用一样,会产生推力,改变飞船的运动状态,甚至会使飞船脱离轨道,造成严重后果。听起来令人发笑的事,却必须认真对待,所以提出来以后向两侧各倒一半污水的办法。今天航天员要进入登月舱进行检查,并向地面进行实况转播。月球就在面前了!

在月球引力作用下,"阿波罗11号"越飞越快,离月球越来越近。为了使飞船在预定的时间、位置由奔月轨道进入绕月轨道,飞船的减速是非常关键的。地面中心收集着世界各地追踪基地、追踪站、追踪飞机、通信卫星发来的数据,计算机不停地工作着,报告着飞船的准确位置、速度,指挥着飞船减速。指令舱驾驶员柯林斯双手紧握操纵杆,目不转睛地注视着仪表,如果计算机发生故障,要及时改变手操纵,登月舱驾驶员奥尔德林不停地大声报告着仪表上的数据……在发射后的75小时49分48秒,计算机发出命令:"服务舱火箭逆向喷火"。飞船开始减速,当速度降到预定值时,计算机发出停火指令。一切是那么的准确、顺利,"阿波罗11号"进入了椭圆形的绕月轨道,距月球最近只有114千米。从现在开始飞船已不是地球的儿子,而是月球的儿子了!

绕月两周后,服务舱火箭再次逆向喷火,飞船速度进一步降低。在一整天的绕月飞行中,航天员进行着登月的各项

图3.56 "阿波罗11号"上的3位航天员从左至右依次为:尼尔·阿姆斯特朗,迈克尔·柯林斯和艾得温·奥尔德林

准备工作。在绕月第11圈时指令长阿姆斯特朗和奥尔德林进入了被称为"鹰"的登月舱。7月21日2时40分，"鹰"与母船分离，但只是稍稍分离，保持着随时可以对接的状态，等一切正常后，"鹰"开始进行独立飞行，母船将像月球的卫星一样，在绕月轨道上等待着"鹰"的归来。"鹰"启动下降火箭进入椭圆形的下降轨道。

"鹰"和地面指挥中心的计算机紧张地工作着，使"鹰"保持着正确姿势和准确的速度，减速、下降，离月面越来越近。最严峻的时刻到了。下降发动机、小型制动发动机、着陆精密调节发动机准确地工作着，速度过快会与月面发生撞击，若损坏了下降段的着陆支脚，"鹰"将无法返回地球。航天员十分紧张，地面指挥中心的人也坐不住了，双方频频联络。高度12200米、9000米……忽然计算机的红灯亮了——故障警报！出现了什么问题？还有几分钟就要着陆了，是继续下降，还是上升返回？指挥中心的人面如土色，紧张地查找原因，原来是计算机负担过重"罢工"了，于是地面指示航天员"不要事事都问计算机"。红灯熄灭，有惊无险，人们互相鼓励着"沉着，沉着"，3000米、900米、150米……速度2.7米/秒、2.2米/秒、1.05米/秒、0.15米/秒……着陆灯亮了，尘埃四起。7月21日5时17分40秒，"阿波罗"登月舱在"静海"平稳着陆，成功了！

"阿波罗"登月舱除无降落伞外，亦无气囊，还要靠人工操作。因为是载人航天器，不允许用气囊在月面上跳动，以免造成人身损伤和生命危险。

图3.57 航天员登上月球

图3.58 航天员在月球表面活动

火星着陆

图 3.59　美丽而令人浮想联翩的火星

火星是有大气层的，它的大气密度约为地球大气密度的 1%，航天器要利用其大气减速，必须配备巨大的降落伞。而进入大气层时，大气会与航天器摩擦产生 1400℃的高温，这时候必须要做好热屏蔽工作，否则会影响航天器和威胁到航天员的生命安全。

和月球上不同的是，火星不仅有浮尘，还时不时会出现大风天气，虽然在这里，时速 100 千米 / 时的大风只相当于地球上 10 千米 / 时大风的强度，但是对于着陆而言就已经是个很大的麻烦了，所以着陆的时机十分重要。

链接："勇气号"着陆火星

火星目前没有载人飞船在上面着陆过，不过我们可以先来看看"勇气号"探测器的着陆过程。

"勇气号"在经历了近 7 个月的奔驰之后，进入了火星轨道。为了登陆火星，当它以 5.3 千米 / 秒的速度在轨飞行时，先要调整姿态并与母船分离。然后"勇气号"将沿一条曲线飞近火星，15 分钟后在离火星 128 千米的高度冲入大气层，随即靠大气阻力减速，并依赖精确设计的热屏蔽抵御与大气摩擦产生的热。在大气层中飞行 4 分钟后，它降至距火星表面 8 千米左右时速度亦减低到 0.4 千米 / 秒，此时直径为 10 多米的降落伞自动打开，20 秒后热屏蔽剥离，包裹火星车的尚未充气的气囊显露出来。由于降落伞的作用，"勇气号"

的速度进一步降低到 89.12 米 / 秒。最后 6 秒钟，制动火箭点火，给火星车一个向上的冲量，迫使其再次减速。离火星地面约 15 米时，切断降落伞绳索。在这 15 米的自由落体运动中，气囊充气，"勇气号"以 13.3 米 / 秒的速度着陆火星，依靠气囊防止受到撞击，并在 1 千米的范围内弹跳多次，最后静静地待在火星赤道以南 15 度处的古谢夫环形山区域。

图 3.60 "勇气号"火星车模拟图　　图 3.61 "勇气号"火星车在对一块岩石进行敲打和采集

踏上星球

　　飞船终于着陆在了星球上，先检查飞船是否因为登陆发生故障（"阿波罗 11 号"曾经用 2 小时的时间来确定登月舱没有损坏），一切无误的话，在航天员身体状态良好，并且和地面进行沟通后，出舱活动随时可以开始。

　　接下来的步骤几乎和轨道式出舱是一样的，先是做准备工作：检查登月航天服是否正常，生命保障系统是否能正常输送氧气和冷却水，吸收二氧化碳的装置是否正常，月面没有空气，不能传播声音，必须检查联络用的通信系统是否正常……哪一项出现问题，都将酿成悲剧。待一切正常，即可准备出舱。

图 3.62 飞船着陆示意图

然后是气闸舱时间,穿航天服、测试、预吸氧排氮、降压,不过由于现在是在星球上,不同星球的大气状况决定了不同的降压程度。然后通向星球的舱门打开了。

由于航天员现在的出舱活动是脚踏实地地站在星球表面,星球上都有重力,航天员不会到处飘移,也不用借助小火箭的喷力前进,所以在星球表面出舱时,航天员是自由走动的,既不需要系脐带,也不需要喷气背包。不过便携式生命保障系统的那个背包还是会被航天员背在背上的。

航天器着陆时需要放下支架来减缓冲击力,所以从航天器上下来时,航天员需要先放下一把梯子,然后面朝航天器,沿着扶梯一阶一阶地退着走下来,这样的出舱姿势能够帮航天员更好地掌握平衡。

站在星球表面,航天员开始慢慢活动起来。我们知道,月球的重力约是

图 3.63 "阿波罗 11 号"登月舱着陆

地球的 1/6，火星的重力是地球的 38%，虽然在这样的重力环境下，人应该觉得活动起来比较轻松才是，但是相比轨道上的微重力或零重力环境，穿着笨重航天服的航天员也并不会觉得轻松，而且航天员的负重几乎都在背部和腰部，所以航天员在前进时都是向前弓着身子，以保持身体平衡。据登月的航天员回来之后的回忆，在月球上，既想要保持平衡又想要快速前进的方法有一个，那就是双腿并拢向前蹦跳，轻轻一蹦就能前进很远，比按照地球上正常走路的姿势轻松得多。

舱外任务

我们已经来到太空中了，真兴奋啊，不过不要只顾着贪恋太空的美景，我们克服了一切困难来到太空中，可不是为了好玩或是看风景的，我们可有很多事情要做呢。

航天员出舱到底有哪些工作呢？

载人航天是为了探索宇宙空间，开发和利用宇宙空间独有的资源为人类服务。航天员上天当然也离不开这些目的，航天员在太空飞行期间要按照预先在地面上编好的工作程序一步步去工作。如果一件事没完成，就会影响到下一件工作。所以，航天员的工作是相当紧张的。

拍照与摄像

从列昂诺夫的第一次出舱开始，拍照和摄像的任务似乎就没有离开过航天员的出舱活动，起初是觉得航天员亲自到外太空拍的照

图 3.64　航天员在太空中操作仪器进行拍照和摄像

片更真实，后来则是为了更好地记录航天员在进行维修等作业时的情况。在早期，如列昂诺夫出舱时，摄像设备是由航天员拿在手上亲自操作的。带着航天手套的手要操作摄像设备比较困难，还容易造成摄像设备的丢失，也为航天员自身的行动带来不便。而且当航天员执行其他任务（如维修航天器）时，手持摄像设备更加不可能，所以在后来的出舱活动中，科学家将摄像设备安装在了航天员的航天服或者航天头盔上，并设置成自动工作模式，不干扰航天员的其他工作。

图 3.65　很少有摄影师能在自己的作品中如此清晰地展现这样的情景——在航天员拍摄的照片中，他自己的影像被反射在另一位航天员的头盔面罩上

太空实验

航天员在太空，可以利用空间的特殊环境，进行很多科学实验。航天员在进行出舱活动时，将装有实验样品的盒子带到太空中，完成出舱活动后将其带回航天器，并对实验样品进行封存，等回到地球后再研究实验样品的变化。比如航天员将几块合金属板裸露在太空中，过段时间再拿进来，金属板或许已经发生了很大的变化：被空间碎片或尘埃袭击，金属板的表面变得坑坑洼洼，不再光滑；强烈的辐射对金属造成侵蚀；过高或过低的温度改变了金属的物理特性等。而这种实验将帮助科学家分析各种金属的特质，找到更适合制作载人航天器的金属。除了这样的实验以外，出舱航天员还需要在太空中通过各种观察和测量设备，对地球环境、太阳、月球面、地球磁场、电离层、大气层等进行深层次的观察与研究。

释放卫星和回收卫星

以往我们发射卫星都需要用火箭将卫星直接发射到既定轨道，这个过程十分麻烦，需要科学家一再地计算与确认，而回收过期作废的卫星就更麻烦了，更多的时候，这些过期作废的卫星被留在了太空中，成为太空垃圾。现在这些问题都能比较好地解决了，航天员在太空出舱活动的时候，就可以释放卫星，很轻松地将卫星放在既定轨道上，还可以利用航天器上的机械臂将有故障的卫星"抓"回来，进行维修，或者将报废的卫星带回地球处理。也许有史以来利用太空出舱发射的最有名的卫星要算是"哈勃"太空望远镜，这颗卫星是通过航天飞机的太空出舱释放完成的，而航天飞机后来更

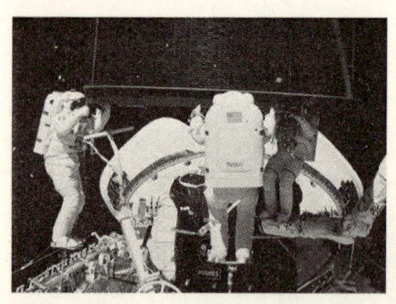

图 3.66 3 名航天员正站在一个 4.5 吨重的卫星上进行紧张的工作

图 3.67 航天员在太空组装国际空间站

是三次回到太空为"哈勃"更换部件。在更换部件前，1 名航天员必须用航天飞机上的机械手将它捕获，运送到有效载荷舱内。航天员进入有效载荷舱，爬上"哈勃"太空望远镜，安装新部件。当地面控制人员确信"哈勃"望远镜运行状态良好后，再由机械臂将它释放回太空。

组装空间站

国际空间站是有史以来规模最庞大、设施最先进的"人造天宫"。国际空间站总质量可达 400 多吨，大致相当于两个足球场的大小。这个庞然大物是不可能在地面组装好发射到太空的，它采用的是桁架挂舱式结构，即以桁架为基本结构，增压舱和其他各种服务设施挂靠在桁架上，形成桁架挂舱式空间站。组装国际空间站的任务落到美国航天飞机和俄罗斯"联盟号"航天员身上。他们必须将组装的部件送上太空，然后进行出舱活动，将它们组装起来。国际空间站的建设是一个很庞大的工程，空间站对航天员而言一方面是工作场所；另一方面是自己在太空中的家园。

表面探测

来到星球上，首先要做的自然是探测星球。虽然在人类自己站在星球的土地上之前，就已经有不少探测器上来过，并且做过探测了，但是人比起机器来，还是多了一种智慧，更能发挥自己的主观能动性，观察星球，

图 3.68　航天员驾驶月球车在月球表面进行探测

并通过自己的亲身感受获得第一手的资料。比如在"阿波罗"登月以前，人们知道月球上有尘埃，但是不知道到底有多厚，对人类而言，走动时扬起的尘埃是否会影响到人类的活动，或者说这样的尘埃到底会不会对人类将来移居月球带来影响，这些在登月之前是无从知晓的。而"阿波罗号"的登月，2 名航天员的出舱活动，让大家更清楚地认识到月球尘埃。除了在星球表面架起观测设备进行表面探测外，星球的资源也是科学家所关心的，特别是矿物资源。所以航天员在星球表面的出舱活动中的一个重要任务就是采集样本，采集各种各样的矿石样本带回地球进行研究。在这点上，人对事物的辨识度是远远高于机器的，所以送人上太空、登陆星球是十分必要的。

航天器的维修

以上说的都是计划内的出舱活动中的任务，但有时候出舱活动

图 3.69 航天员出舱活动对航天器进行维修

的任务不在航天员的计划内，而是发生了紧急情况时不得不进行出舱处理。这种情况最多的就是航天器出了故障，需要修理。可能谁也忘不了"哥伦比亚号"航天飞机返回时突然解体的重大悲剧，就是因为航天飞机左翼的隔热瓦裂了一条小缝，造成左翼在再入地球大气层时温度过高，直接导致了航天飞机的解体。从那次以后，航天飞机的航天员在进入太空后都需要为航天飞机做个全身检查，如果发现了问题就及时维修，避免出现重大事故。

链接：航天史上难度最大的舱外作业

2007 年 11 月 3 日，美国航天员斯科特·帕拉金斯基完成了航天史上难度最大的一次舱外作业。

这件事的起因是国际空间站的一块太阳能电池板损坏了，NASA 发出警告，如果不修复这块太阳能电池板，国际空间站的工作将全部暂停。但是要修复这块太阳能电池板十分危险。首先航天员在修复时需要冒着被太阳能电池板 100 多伏电压电击的危险，而且从空间站气闸舱出发到这块需要修补的太阳能电池板的破损点面前需要行走约一个小时。一般情况下，航天员太空出舱离开工作舱的距离不超过半小时路程。

当天，帕拉金斯基离开国际空间站成功完成这次历时 7 个多小时的太空出舱活动。这名曾任急救医生的航天员完成太空"急诊"，成功修补一块损坏的太阳能电池板。帕拉金斯基先剪掉一个铰链和缠成一圈的电线，再装上5个自制"袖链"加固破损铰链，使太阳能电池板能完全展开。为防止遭电击，帕拉金斯基使用的所有金属工具外都包裹了3层绝缘胶带，还在航天服的手套外加了一副手套。NASA太空行走训练中心主管沃尔夫形容，安装"袖链"过程"好似戴着拳击手套缝纫"。

当"病愈"后的太阳能电池板完全展开至约35米时，空间站内的航天员们兴奋地高喊："干得漂亮！太好了！好消息！"

①斯科特·帕拉金斯基走出舱门，进入太空

②斯科特·帕拉金斯基在太空中一步一步地靠近电池板

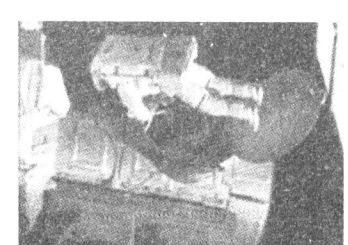

③斯科特·帕拉金斯基手持工具对破损的电池板进行维修

图3.70 航天史上难度最大的舱外作业（组图）

链接："发现号"航天员"太空十三天"主要任务

"发现号"航天飞机13天的飞行任务令航天员们忙碌万分。他们此次所担负的使命是一方面要对航天飞机进行飞行测试，仔细观测航天飞机发射升空过程中可能出现的损坏情况；另一方面又要将设备和补给运到国际空间站上。

让我们看看航天员在任务期间每天所要从事的主要活动：

第一天："发现号"航天飞机搭载着7名机组成员从佛罗里达州

肯尼迪航天中心发射升空。进入太空后，机组成员打开笔记本电脑，把发射期间从航天飞机上拍摄到的照片以及来自监视航天飞机损坏情况传感器的数据发送到任务控制中心，还对航天飞机机械臂进行检查。

图 3.71　在发射场的"发现号"雄姿

第二天：机组人员把 15 米长的机械臂安装到新的 15 米长的有传感器的尾桁上，并对由增强碳－碳复合材料制成的机翼两端和航天飞机前端进行仔细检查。尾桁一端的传感器包（包括一台摄像机和一部激光扫描仪）移动的最快速度是 6 厘米／秒，这会使该项工作耗时 7 小时左右。接下来，航天员装上尾桁，单独用机械臂检查"发现号"机舱上面以及机组人员所在的机舱。

图 3.72　"发现号"全体乘组人员合影

第三天："发现号"靠近国际空间站准备对接。在距离空间站180米处，机长柯林斯命令航天飞机旋转360°，这可以使空间站内的航天员谢尔盖·克里卡廖夫和约翰·菲利普斯用装有远距离照相镜头的数码照相机拍摄"发现号"隔热瓦的高清晰度照片。照片会发送给任务工程师和控制人员进行分析。在航天飞机与国际空间站对接后，机组人员打开舱门，开始搬运货物。

图 3.73 "发现号"与国际空间站对接

第四天：航天员使用国际空间站机械臂从航天飞机货舱上把装有数吨供给和设备的多用途后勤舱缓慢搬下来，放到"联合舱"中。接着机组人员开始卸下货物，同时准备进行太空行走。

第五天：野口宗千和史蒂芬·罗宾逊 2 位航天员进行首次太空行走。他们共完成 3 项任务，持续 6 个半小时。野口宗千和罗宾逊对受损隔热瓦和增强碳－碳复合材料样品进行修理技术试验，并将一个附件装置——零部件储藏间安装在国际空间站上，更换了国际空间站上出现故障的全球定位系统天线。

第六天：机组人员继续把货物搬运到国际空间站，并准备第二天的太空行走。

第七天：在第二次太空行走中，野口宗千和罗宾逊更换了空间

图 3.74　出舱进行维修

站上有问题的陀螺仪。

　　第八天：机组人员继续转运多用途后勤舱中的货物，他们还把国际空间站上的设备放入后勤舱，等待返回地球后进行实验。

　　第九天：在第三次太空行走中，野口宗千和罗宾逊把外置摄像机和光学系统安装在空间站的支撑桁架上，并对航天飞机腹部两片不规则凸起的隔热瓦进行维修。

　　第十天：多用途后勤舱关闭。航天飞机和空间站为"发现号"返航做准备。

　　第十一天：航天员关闭空间站和航天飞机之间的舱门，准备返回地球。"发现号"航天飞机与空间站分离。

　　第十二天："发现号"机组检查飞行控制系统，将设备搬进机舱，为着陆做准备，同时密切注意航天飞机的脱轨过程。

　　第十三天：航天飞机由于不稳定的天气状况，无法返回，在太空围绕地球飞行。

　　第十四天："发现号"越过太平洋和南卡罗来纳州，穿过洛杉矶市以北的空城，成功降落在爱德华兹空军基地。

　　2 名航天员的修复实验所使用的材料是类似环氧树脂的特殊强力胶，是在所携带的各种已经受损的隔热瓦样品和机翼片样品上进行的，并没有接触"发现号"在升空时因隔热材料脱落所造成的任何损伤部位。"发现号"返航后，工程专家将对经过修复的隔热瓦和机翼片样品进行详细研究。

图 3.75 "发现号"机组完成预定重任后，以太空特有的正反组合拍照，欢度假日

　　人类与动物最大的不同就是人类能凭借自己的聪明才智，创造并使用工具，征服比自己力量大上几倍甚至数百倍的事物。在广袤的太空中，人类想要生存下去、活动自如、完成自己的心愿，工具自然是必不可少的。现在，让我们看看人类如何用自己的聪慧让黑色太空变得不是那么可怕。

第四章
出舱装备

　　科学，绝非富于神秘色彩的号角，而仅仅是人们手中改造世界的工具。

——约翰·伯纳德

气闸舱

什么是气闸舱

气闸舱是航天员进入太空的门户，是供航天员进入太空或由太空返回用的气密性装置。它有两个作用，一个是作为出舱前进行准备工作的场所，另外一个就是通过缓慢减压使穿着舱外航天服的航天员逐渐处于舱外的环境实施出舱。气闸舱上有两个气闸门，一个与密封座舱连接，被称为内闸门，一个则是可通向太空的外闸门。内、外闸门的气密性绝对可靠是气闸舱工作的基本条件。闸门的启闭一般是手动的，不过也可电动。气闸舱内设有闸门控制台、开启

图 4.1　航天员出舱模拟图——走出气闸舱，进入太空

图 4.2　女航天员哈根波萨姆正在空间站气闸舱门口，气闸舱是空间站连接外部的重要设备

闸门前的给气排气装置、通信和照明设备，以及航天员出舱活动穿的航天服。闸门的启闭必须十分小心和熟练，以避免漏气的危险。

早在人类第一次进行太空出舱活动时，就已经使用气闸舱了，不过当时设在苏联"上升 2 号"载人飞船上的气闸舱是十分简易的。这是一个可以折叠的软式气闸舱，被安装在飞船的舱门上，当飞船进入轨道飞行时，就可以将它展开，完成出舱活动后，这个气闸舱就可以丢弃了。

虽然苏联的"上升 2 号"飞船上有气闸舱，但苏联和美国的其他飞船上并没有气闸舱。不过从航天飞机和空间站上进行太空行走就必须有气闸舱。那为什么载人飞船上可以没有气闸舱，而航天飞机和空间站上必须有气闸舱呢？

这是因为载人飞船座舱内航天员的活动空间比较小，如"双子星座"飞船仅有 2.55 立方米，"阿波罗"飞船为 6.17 立方米。在太空行走时，打开舱门，座舱减压到零，让航天员出舱，当航天员完成太空行走回来后，再关上舱门，重新给座舱加压，不会浪费太多的氧气。而且每次飞行中航天员从飞船上进行太空行走的次数也不多，因此完全可以不用气闸舱。但从空间站上进行太空行走则不同，空间站内航天员的活动空间一般都比较大，如"天空实验室"为 361 立方米，国际空间站为 908 立方米。空间站上如果没有气闸舱，在航天员太空行走时要将舱内的空气全部放空，当航天员回来后又要重新加压，将会造成极大的气体浪费。何况航天员在空间站上一般要进行多次太空行走，因此从空间站上进行太空行走，必须要有气闸舱。航天飞机乘员舱内的空间也比较大，因此也需要设气闸舱。

各式气闸舱一览

"天空实验室"气闸舱

"天空实验室"气闸舱是美国首次使用的气闸舱。不过这个气闸舱的用途很多，是个"多面手"，除了作为出舱活动的门户外，它还有两个用途，一个用途是作为设备仓库，这里放置着"天空实验室"的一些系统及其控制装置，在舱内除了气闸外还有"天空实验室"的通信系统、数据中心、电力供应系统、环境控制系统、故障警报系统及其控制装置。另一个用途就是作为"天空实验室"的一个结构件，是将轨道工场与可重复使用的对接装置连接起来的一个通道，方便航天员进行维修、试验等工作。

气闸舱呈圆筒形，长 5.4 米，基本直径 3.1 米，最大直径 6.55 米，重 225 千克，舱内航天员活动空间为 17.66 立方米。气闸舱主要由两个同轴的大圆筒组成，在发射时为了与轨道工场的大直径相匹配，外圆筒的外边还有一个有效载荷防护罩。外圆筒也是"阿波罗"望远镜系统的支持结构，就像一个"专用底座"，复杂的"阿波罗"望远镜系统有一部分就架设在外圆筒上。内圆筒才是真正的气闸舱，同时又是连接轨道工场与多重对接装置的一个通道。通道两端分别有一个舱门，当气闸舱减压时可以关闭上。此外，在气闸舱的舱壁上还有一个舱门，航天员通过此舱门进入太空行走。在太空行走时，先将两端的舱门关闭上，气闸舱减压，侧舱门打开，航天员出舱；航天员完成太空行走任务后返回时，关闭侧舱门，气闸舱加压，两端的舱门又重新打开，航天员回到轨道工场。

在外圆筒和内圆筒之间的连接支架上放置着 12 个高压气瓶，（其中 6 个氧气瓶和 6 个氮气瓶）用于向轨道工场内提供大气。

航天飞机气闸舱

航天飞机气闸舱位于航天飞机乘员舱的中层甲板舱内，气闸舱的内部直径 1.58 米，长 2 米，内部容积 4.2 立方米，能同时容纳 2 名穿着航天服的航天员。前后有两个压力密封的舱门，内舱门与中层甲板舱相通；外舱门与航天飞机的货舱相通。

图 4.3 日本太空探索局"发现号"实验舱的第二部段俯视图

舱门呈 D 字形，直径为 1 米。气闸舱的舱门：从两边都能锁上和打开，使用寿命达 2000 次，身穿航天服的航天员用一只手就能打开和关闭。

航天飞机气闸舱主要用于航天员太空出舱前准备和返回过程中的减压和复加压，维修出舱活动装备和补充消耗品，给液冷服中的冷却液散热，对出舱活动装备进行测试，航天员穿脱出舱活动航天服以及进行通信联系。在气闸舱内的舱壁上安装有放置出舱活动航天服的地方，此外舱内还有航天服测试装置和补充消耗品的设备。

气闸舱有两个舱门。内舱门安装在气闸舱的外边，与中层甲板舱相通，其作用是将气闸舱与航天飞机轨道器的乘员舱分隔开，在航天员进行太空行走时保证乘员舱内不会发生减压；外舱门安装在气闸舱的里边，与航天飞机的货舱相通，其作用是将气闸舱与货舱

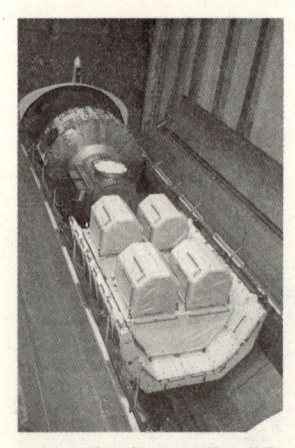

图 4.4 将要载入"亚特兰蒂斯号"航天飞机的气闸舱

隔开，通过此舱门航天员即可进入货舱。航天飞机的货舱不加压，在太空中可以完全敞开。

每一扇舱门上有 6 个联动的插销和一个插销开关、一个观察窗、一个铰链门枢、一个开门器、两个等压阀，在舱门的两边还分别装有一个压差计。

舱门上的观察窗直径为 0.12 米，供航天员观看舱内外情况。也就是说，通过两扇舱门上的观察窗，在气闸舱内的航天员可以观察到乘员舱和货舱的情况，在乘员舱和货舱内的航天员也可以观察到气闸舱内的情况。观察窗用双层透明的聚碳酸酯塑料板制成，用螺钉直接固定在舱门上。为防止漏气，观察窗采用双重压力密封，在舱门上设有密封槽。

为了方便航天员在失重环境中行动，气闸舱要安装各种扶手和脚限制器。一般的扶手安装在电子仪器和环控生保系统的操纵仪表板附近。特制的铝合金扶手安装在气闸舱舱门的两边，这种扶手被漆成黄色，呈椭圆形。在气闸舱的地板上安装有脚限制器，这种脚限制器可以旋转，每次旋转 90°，最大可旋转 360°，由脚限制器上的弹簧插销定位。在气闸舱内装有 4 盏泛光灯供照明用，航天员可通过舱内的开关进

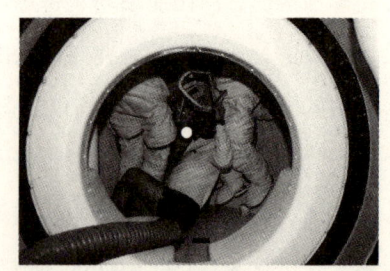

图 4.5 在"发现号"航天飞机的气闸舱内对两件舱外航天服进行检测

行调控。

气闸舱内可以存放两套出舱活动航天服。在气闸舱的舱壁上安装有专供存放航天服的设备。此外气闸舱内还有维修保养航天服和为 2 名太空行走航天员服务的各种必要设备。航天服存放设备不仅可以将航天服固定在一定的位置，而且还能协助航天员穿脱和测试航天服。

国际空间站气闸舱

国际空间站上使用的是一种共用气闸舱。美国航天员在没有这种气闸舱之前，只能使用航天飞机（对接以后）的气闸舱或俄罗斯"星辰号"服务舱上的过渡舱进行太空行走。但由于两个服装系统之间的设计差异，美国的服装不能使用俄罗斯的服务舱。新的共用气闸舱可供美国和俄罗斯的出舱活动航天服共同使用。共用气闸舱是于 2001 年 7 月才与国际空间站的节点 1 号舱联结的。

共用气闸舱长 6 米，直径 3.9 米，内部活动空间 34 立方米，重6500 千克，由人员气闸舱和装备气闸舱两部分组成。人员气闸舱供美、俄航天员太空行走用；装备气闸舱除用来存放航天员太空行走用的各种装备外，还供航天员在里面预吸氧。人员气闸舱内有照明

图 4.6　国际空间站上的气闸舱

图 4.7　国际空间站里，进入气闸舱后的航天员

和脐带式接口装置，这种脐带式接口装置固定在气闸舱的舱壁上，通过脐带可以同时给两套航天服供水、回收废水、供氧、供电和通信联络。在气闸舱的舱门打开之前，舱内压力先下降到 20.7 千帕，然后再降到零，这时服装内的压力为 29.6 千帕。装备气闸舱还可供航天员对服装进行定期保养维修，因此舱内有各种维修保养用的工具和设备。

在没有装共用气闸舱之前，俄罗斯航天员是通过"星辰号"服务舱上的过渡舱进行太空行走的。"星辰号"服务舱是在 2000 年 7 月被发射上去与国际空间站联结的，该舱重 19000 千克，长 13 米。舱内分三个部分：前端为一个较小的球形过渡舱，这个舱有两项功能，其一是做对接舱用，其二是做气闸舱用，俄罗斯航天员即从这里出舱；中间是一个巨大的圆筒形工作舱；后端是一个圆筒形过渡舱。球形过渡舱上有 3 个小观察窗口，每个直径为 0.23 米。航天员在太空行走期间，"星辰号"服务舱还向地面飞行控制中心提供数据、语音和电视信息。

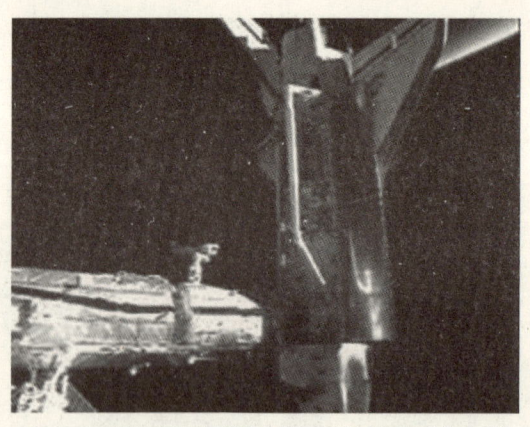

图 4.8　"亚特兰蒂斯号"航天飞机与国际空间站成功实现对接

舱外航天服

说到航天员，我们眼前总会浮现出这样的画面：一个穿着笨重的衣服，戴着大大的头盔，看不清楚样貌的人。那笨重的衣服就是航天服。

航天服是航天员进入太空必须要穿的服装，我们都知道，在太空中是没有压力、没有空气也没有水的，有的是强烈的辐射和剧烈的温度变化，如果把人直接暴露在这样的环境里是不可能生存的，所以必须穿上一套设备。

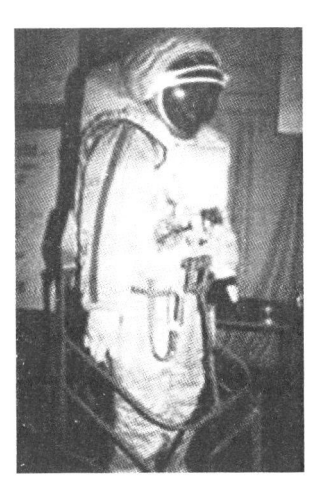

图 4.9　航天服

舱外航天服的结构

航天服分为两种类型，一种是舱内航天服，一种是舱外航天服。

舱外航天服就是平时我们看到航天员进行出舱活动时穿的航天服，其实一套装有便携式生命保障系统的舱外航天服就像是一个微

图 4.10 舱外航天服

型载人航天器，当航天员进行太空出舱活动时，它将航天员的身体与太空恶劣环境隔离开来，并向航天员提供一个满足人体生命安全与健康的气体环境，提供氧气、规定气压、清除二氧化碳、维持舒适的温度和抵御宇宙辐射等维持生命所需的各种条件。由此可见舱外航天服的科技含量是多么的高，而舱外航天服也被称为"世界上最昂贵的服装"，例如美国航天飞机航天员穿的航天服，每套价值 150 万美元。下面我们就来好好认识一下舱外航天服吧。

舱外航天服由服装、头盔、手套和航天靴组成，缺一不可。

服　装

首先来看看服装，现在最先进的舱外航天服有 14 层，从结构上看，可分为软式、硬式和软硬结合航天服。目前，美国和俄罗斯使用的都是软硬结合式的航天服。无论哪种航天服都由多层组成，它们互相连接形成一套整体的服装，但要求各层的质量要高，要轻，且不能过厚，以避免影响航天员的行动。现在我们从里层往外层慢慢看。

最里层是里衬，也就是内衣裤，一般选用纯棉或棉麻的布料制成。由于这层要与皮肤直接接触，所以又轻又软，富于弹性，褶缝越少越好。内衣上还常安有辐射剂量计，以监测环境中的各种高能

舱外航天服与舱内航天服相比多了3层

防护层
防太阳辐射并装有连接其他设备的接口

液冷层
把航天员身体产生的热量散掉

真空隔热层
用于保护航天员不受舱外环境过热、过冷的侵袭

出舱方式
身系安全带，此带类似胶带，航天员只能在离航天器几米的范围内活动，早期常采用这种方式
不系安全带，航天员身背一个可控制的喷气背包（又称太空摩托艇）自由飞行，活动范围达近百米

美国研制了新一代载人机动装置——舱外活动救援轻便服。航天员可通过绑在航天服前面的开关控制喷气，实现各个方向的移动

图4.11　舱外航天服构造示意图

射线的剂量，避免航天员误入危险的高辐射区。它还配备有生理监控系统的腰带，可测定心率、体温等生理情况。虽然这一层在结构上独立于航天服，但是由于它和航天服是结合起来的一个整体，所以也可以认为是航天服的一部分。

　　然后是通风散热层，也被称为液冷通风层。在太空中，没有空气也就没有办法产生气体的对流，航天员身上产生的热量就会聚集在航天服内部不能消散，这样不仅会使航天员觉得不舒服，而且会产生水雾凝结在航天员的头盔上，阻挡航天员的视线。而通风散热层的作用就是将航天员身上的热量带走。它的结构比较独特，由尼龙弹性纤维制成，纤维上排列有大量的

图4.12　航天员马辛米诺的配有舱外机动装置的航天服

图 4.13　身着舱外航天服的航天员

聚氯乙烯细管，调节温度的液体通过细管流动，并由背包上的生命保障系统来调节控制液体的温度。航天员可用手选择多个档次的温度。在人体与外界隔绝的情况下，它可以把人体产生的热、水和气味带出去。

通风散热层外是两层气密层。由于人体生存需要压力，因此航天服还是需要有一个压力保证航天员的安全，因此这是航天服很关键的一层。它既要充气加压，使身体有足够的压力环境，还不能漏气，但是压力又不能太高，压力太高会使服装过于膨胀，这样会使各关节活动自如的程度大打折扣，给航天员的太空工作带来不便，因此现在的航天服一般为低压航天服。这一层的结构十分复杂，选材和设计上都比较困难。

然后是限制层，这一层是用来限制气密层向外膨胀的，呈现一个承力拟人结构形态。最早的太空航天员列昂诺夫曾经因为返回时航天服过度膨胀，几乎鼓成一个气球而差点没有回来。他通过不断减压，而且减压到备用压力的情况下，用了 14 分钟才回来，非常危险。

限制层的外面是隔热防微陨尘服，也叫真空隔热层。它是由 5 ~ 7 层涂铝的聚酯薄膜构成，每一层膜之间都用网络物隔开，成为航天服的一道热屏障。这道屏障具有良好的隔热作用，可以将太空中的热辐射屏蔽在外。

最外边一层是外罩层，它除了要有防高热、防磨损和保护内部各层的功能外，还要有防太阳辐射的功能。除此之外，舱外航天服的颜色也是比较重要的，选用鲜亮一些的颜色可以使航天员更为显眼，更容易和太空环境区分开来，现在航天服一般选用白色的或金黄色的。

头 盔

说到航天员的头盔大家可能都不陌生，那个圆乎乎的东西总是让航天员看起来增添了几分可爱与滑稽。舱外航天服的头盔是由头盔壳、面窗组件和颈圈等部分构成，通过项圈将头盔固定在航天服上，航天员只能在头盔内转动头部，而不能转动头盔。

下面我们就来介绍一下固定式全透明的钟罩式头盔。

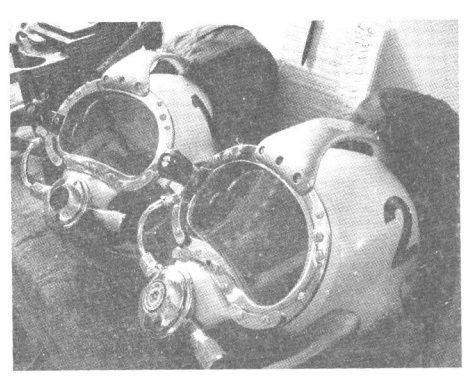

图 4.14 航天员的头盔

头盔壳是头盔的主体，制作它的材料具有强度大、抗冲击和足够的耐热性等优点。头盔内腔壁有硬衬垫和软衬垫，衬垫上镶有细

图 4.15　手抚头盔的航天员

管道，头盔的减振、隔热、消声、通风和供氧等功能都是由它来完成的。

头盔的尺寸是很重要的，不但要与航天员的头形相适应，能允许头在里面左右转动，还要能容纳下通信头盔，并且还要留有安装生理测验部件，有利于排出人体呼出的二氧化碳和水汽的空间。

头盔壳的正面有一块是透明的，这部分被称为面窗，航天员就是通过它来观察周围环境，完成作业的，所以要求面窗需要有良好的光学性能和广阔的视野。头壳的面窗部分除了应该透光良好外，还要有防雾的措施，因为航天员出舱活动时会遇上低温，面窗内的温度也会下降，当降到空气凝固点以下时，面窗上就会结雾，妨碍航天员的视线，影响航天任务的执行。目前一般用的办法有通风去湿法、双层面窗法、电热面窗法和化学防雾剂等，以保障面窗的透明度。例如，1966 年美国"双子星座 9 号"飞船的航天员，在太空用载人机动装置进行飞行时，就因为面窗起雾而看不清外边的情景，从而没能完成太空行走中的特定航天任务。

颈　圈

颈圈是连接服装与头盔的关键部件，分上、下两圈，在穿戴服装与头盔时，先将上、下圈分别与服装和头盔连接上，再通过上、下圈的连接将头盔与服装连接起来。它要求穿脱方便，具有良好的气密性和连接强度。要有在紧急情下使航天员本人能快速进行断、接、锁紧操作的结构，便于及时与头盔或服装断开或连接。

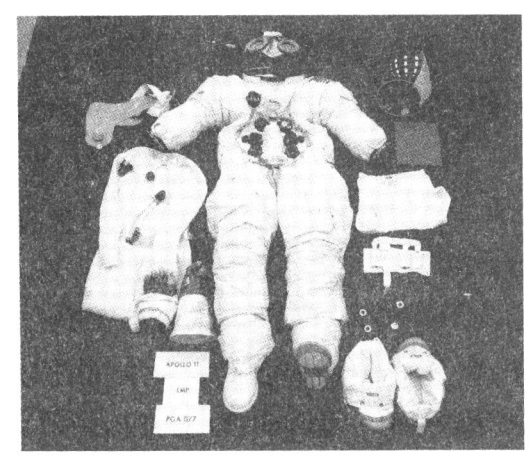

图 4.16　航天服的各个组成部分

手套和靴子

　　航天服的另外两个部件是可随时连接的手套和靴子。手套与服装通过腕圈连接，是服装压力层的延续。它要符合穿戴者的手形，能快速穿脱戴，在各手指关节部分有波纹结构，便于操作。手套由于其特殊性，容易磨损，通常是每进行一次出舱活动就要换一双手套，所以手套是航天服消耗最大的部分。

　　航天靴由压力靴和舱外热防护套靴组成，其中压力靴是服装气密加压限制层的延续。通常将踝部活动关节设计在压力靴上，并与压力服相连接。航天服内部还设有废物收集装置，用于在长时间出舱活动情况下收集、贮存大小便用。

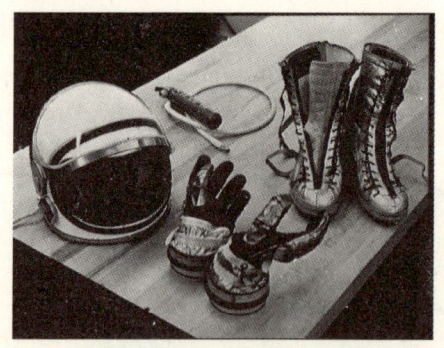

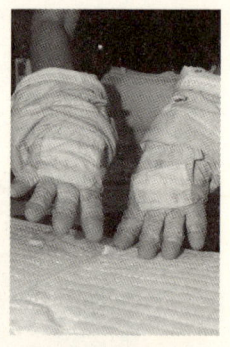

图 4.17　航天服的头盔、手套和靴子　　　　图 4.18　航天服的手套

生命保障

　　航天员离开密闭舱必须穿着和佩戴一套防护外部严酷恶劣环境的装备，主要包括航天服和携带式生命保障系统。舱外活动生命保障系统的任务是在航天服内创造一个适合航天员生存的气体环境。

它是一个十分紧凑的便携式装备，通常置于航天员的胸前或背后，或安装于航天服的硬式外壳内，用于控制航天服内的大气温度、压力和气体成分，为航天员通风散热，维持航天员生命安全和良好的工作效率。根据任务的不同，舱外活动生命保障系统可分为消耗性系统和再

图 4.19　飘浮在太空中的航天员，生命保障是他们最基本也最重要的保障

生式系统两类。前者是迄今为止一直在航天任务中使用的系统，主要包括氧气通风、供水、流体散热、冷凝、主供氧和辅助供氧等循环回路，另外还装备有完善的控制和显示系统。为减少排放消耗性物质的负担，当前正在研制再生式的系统，主要以改变利

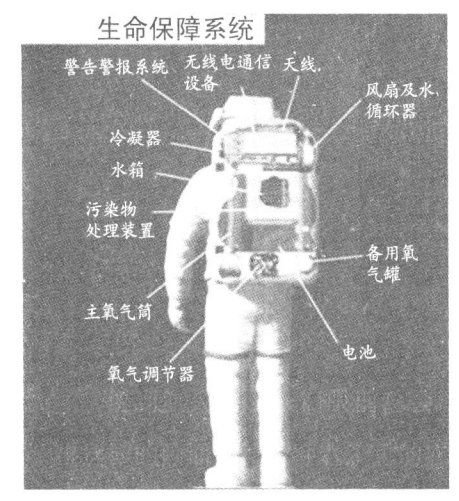

生命保障系统

警告警报系统
无线电通信设备
天线
风扇及水循环器
冷凝器
水箱
污染物处理装置
备用氧气罐
主氧气筒
电池
氧气调节器

图 4.20　出舱航天员航天服上的生命保障系统

用水的相变散热和回收利用二氧化碳两项内容为研究的重点。

生命保障系统一共有两种方式，一种是在航天服上系一根脐带，将航天员与航天器上的生命保障系统连接起来，靠航天器上的生命系统维持航天员的生存需要。由于脐带有着限制活动范围、容易发生缠绕等缺点，再者随着出舱活动的发展，特别是星球登陆的需要，科学家又开发出了另一种便携式生命保障系统，就是我们常说的"背包"。

便携式生命保障系统主要由氧源（气瓶）和供气调压组件、水升华器和水冷却循环装置、空气净化组件、通风组件、通信设备、应急供氧分系统、控制组件和电源、报警分

图 4.21　出舱航天员的背包装置

系统、遥测分系统等组成。它能够为航天员提供呼吸用氧，并控制服装内的压力和温度，清除航天服内二氧化碳、臭味、湿气和微量污染。当航天员出舱活动时，将背包装置与舱外航天服配套使用，可以保证航天员在舱外活动长达 6~7 小时之久。当舱内生命保障系统发生故障时，也可为航天员提供应急生命保障。

美俄舱外航天服之比较

美国和俄罗斯无疑是现在太空出舱技术最出众的国家，而他们的舱外航天服也是各有千秋，那两者都有哪些不一样的地方呢？

首先是颜色的区别，美国的舱外航天服是白色的，俄罗斯的舱外航天服则稍微偏黄一点，长期使用老化后，往往呈现为黄色。

其次就是压力制度的不一样。我们都知道，太空出舱之前需要

图 4.22　左为美国的舱外航天服，右为俄罗斯的舱外航天服

进入气闸舱做准备工作，舱外航天服也是在这里穿戴的，并完成对航天服的最后检测。而在过去的太空出舱活动中，身着美国的舱外航天服就只能从美国的气闸舱中出舱，身着俄罗斯的航天服就只能从俄罗斯的气闸舱中出舱，直到有了国际空间站，美俄两国才从共用的气闸舱出舱，这是因为美俄航天服的压力制度不一样，美国航天服的压力比较小，为 29 千帕，俄罗斯的则有 39 千帕，这样气闸舱减压程度和吸氧排氮的时间也都不一样。

美国的舱外航天服是分体式，或称腰部穿 / 脱结构。它是硬的上躯干，软的下躯干及袖子、手套、裤腿和靴子。手套按人定做，泡形头盔可拆卸，便携式生命保障系统装在硬躯干的后面，手动控制和显示器装在前面。服装的上下躯干由一个腰部断接器连接，是一种腰部穿 / 脱的分体式结构。航天员穿它时从腰环进入，先穿下躯干，然后穿上躯干。由于美国舱外航天服的工作压力比较小，因此相对俄罗斯的舱外航天服要软一些，所以在穿戴过程中，需要两个人的协助。而俄罗斯的舱外航天服呈软硬结构，除了胳膊和腿部

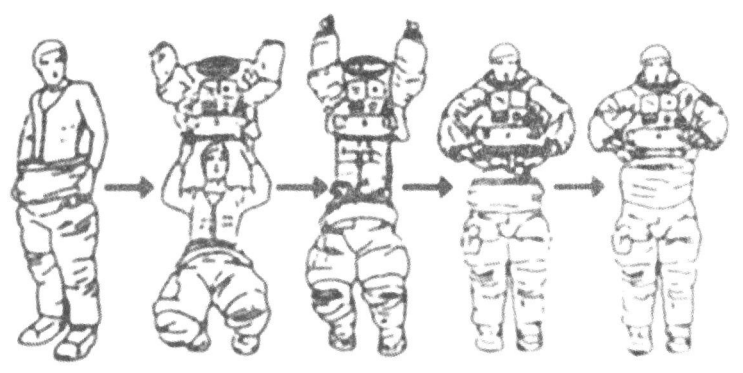

图 4.23　美式舱外航天服的结构和穿着方式

为软材料制造外，其余部分全部为金属材料。它属于"自穿"式的，即航天员一个人就可穿上航天服。航天服铝制上衣的背后有一

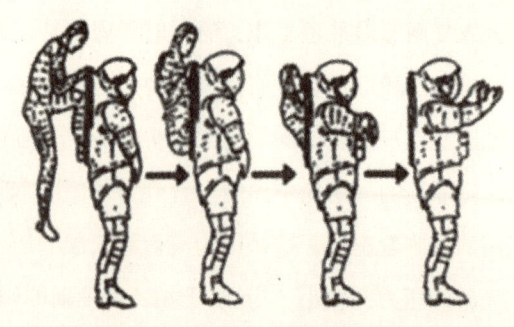

图 4.24　俄式舱外航天服的结构和穿着方式

个门，其中便携式生保系统就安装在门上，航天员从后门钻进去，关上门后开始加压。穿衣的过程比较简单，在几分钟内就能完成。俄制航天服看似比较粗笨，但设计比较简单。

　　在自然姿势下，穿俄罗斯的航天服感到比较舒适，但在工作和用力的时候就会感到不太舒服。美国的航天服在腰部有一个轴承，因此上身左右转动很方便，而俄罗斯没有这种腰部轴承，航天员身体转动很不方便。

　　对于航天员的个人卫生问题，美国使用普通的尿不湿，俄罗斯使用特制的男式尿不湿短裤。由于手伸不到脸部，舱外航天服中还有搔痒工具。俄罗斯航天服的靴子底是软皮革的，而美国航天服的靴子底是硬橡胶的。

链接：美国航天飞机舱外航天服

　　美国航天飞机舱外航天服是目前最先进的出舱活动航天服之一，重130多千克，由14层组成，现在美国航天员在航天飞机和国际空间站出舱时也是穿戴这种航天服。这种航天服是按上半身、下半身和手臂分开裁剪缝制的。工作时的压力为29.647千帕。较低的工作压力不

仅使手部活动比较灵活，而且由于关节部位保持恒定的容积，所以允许身体在航天服内自由活动，从而给航天员提供了较大的活动自由度。另外，美国舱外航天服的航天手套的触觉敏感性极好，可以很容易地拾起一枚硬币，因此美国航天员能够完成的任务种类也比较多。美国舱外航天服可以根据人体尺寸进行组件适配调整，但每隔半年就要送回地面维修。

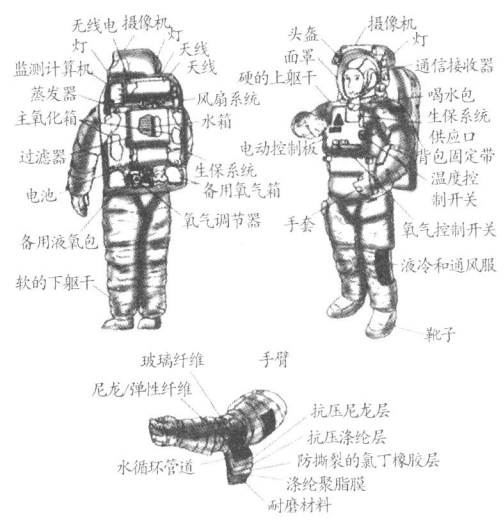

图 4.25　美国航天飞机舱外航天服结构示意图

链接：俄罗斯舱外航天服

　　俄罗斯在"和平号"空间站和国际空间站上使用的是奥兰 M 航天服。它重 110 多千克，与美国舱外航天服在外观上相似。航天服的工作压力为 39.2 千帕。尽管奥兰 M 航天服具有较高的工作压力，但还是能容易或比较容易地完成一些操作。较高的工作压力可以减少航天员出舱前用于吸氧排氮的时间。俄罗斯航天服适用的身材范围比美国的大，航天员需要选择适合自己的航天服，现有适应身高在 165~190 厘米的几种型号，且袖长和裤长可加以调整，但手套却要按人定制。奥兰 M 航天服设计简单，非常耐用，使用期为 4 年，并可在太空中维修和更换零部件。

舱外航天服的穿脱

舱外航天服的穿脱是在气闸舱内进行的。一旦穿上航天服，航天员就要立即打开通风、呼吸用气和冷却液的开关，再接通电源。这时所有的气体、液体和电源都由气闸舱供应。俄罗斯的舱外航天服穿好后还要将背包的密封盖关上，并盖严。

气闸舱内的压力在101.43~107千帕之间。在降低气闸舱内的压力之前，航天员要进行预吸氧。俄罗斯航天员

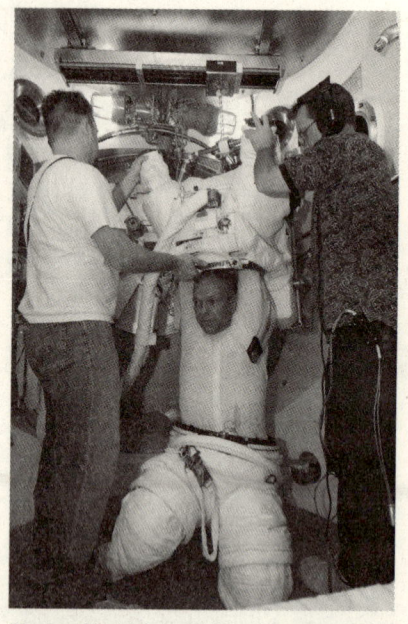

图 4.26　航天员在空间站气闸舱内对舱外航天服进行试穿和检测

预吸氧的时间是 30~50 分钟，氧气仍由气闸舱供应。30 分钟以后，气闸舱内的压力下降到 35.5 千帕左右，同时服装内的压力用压力调节器调节，也降低到 40 千帕。预吸氧和降低周围压力的目的是预防减压病的发生。

预吸氧以前要对服装进行测试，保证服装不漏气，而且内部压力稳定。测试的重点是气体流量、冷却液和电池的功率。只有所有的功能参数都在规定的范围内，才可打开气闸舱的通气孔，使舱内压力降低到真空水平。在打开舱门和出舱之前，航天员要与气闸舱上的各种

供应管线脱离，并打开自己的主氧气供应开关。在航天服腰部右侧有几根一米多长的带钩环的保护索与空间站相连。空间站外面有许多扶手，保护索的钩环就勾在这些扶手上。在出舱活动过程中，总要有两到三根保护索与空间站相连，以防止航天员飘走。因为一旦保护索脱落，航天员飘走，将无法返回空间站。保护索有长有短，航天员可以根据不同的任务和需要进行选择。

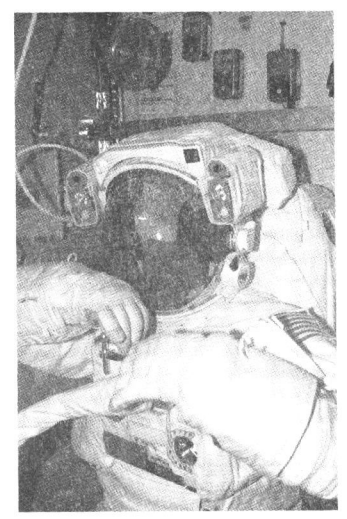

图 4.27　身穿舱外航天服的 STS-112 任务专家

链接：舱内航天服

　　顾名思义，舱内航天服是航天员在航天器内使用的航天服，航天员在航天器发射、返回和在轨道运行期间发生密闭舱失压等事故时，必须穿上舱内航天服。航天服因具有加压的重要功能，将起到保护航天员生命安全的关键作用。

　　舱内航天服通常是为每一位航天员定做的，它是在高空飞行密闭服（简称"压力服"）的基础上发展起来的，一般由航天头盔、压力服、通风和供氧软管、可脱戴的手套、靴子及一些附件组成。压力服的特点是，当它在充气加压时可呈拟人状态，人在其内全身可处于同一均匀的大气压力环境中。

　　当航天员在舱内使用航天服时，必须将航天服与舱内环控生保系统连接使用，它的主要作用是在人体周围创造适宜人类生存和工作的微小气候环境，用于防护低压环境对人体的危害，如有需要也可增加对高温、低温或有害气体环境对人体危害的防护作用。

在正常情况下，舱内环控生保系统能够给穿着航天服的航天员提供全身的通风，使航天员处于相对舒适的环境中——当座舱出现压力应急时，给服装通风的风机会自动关闭，使航天服处于密封供氧状态，应急供氧装置通过服装供氧软管将氧气送入航天服内，一部分氧气将进入头盔内供航天员呼吸及头部散热，然后由压力调节器排出。

图4.28　舱内航天服

其实，航天服本来是只有舱外一种类型的，因为航天器里面的环境是模拟地球环境的，气压和空气都有，没有必要穿航天服。但是一次事故，使人们意识到，原来在航天器内穿航天服也是非常必要的。1971年6月30日，苏联"联盟11号"飞船顺利完成任务返回地球，在再入大气层前，实施返回舱和轨道舱分离时，返回舱的压力阀门被震开，密封性能被破坏，返回舱内的空气从这里泄漏了出去，结果舱内的压力迅速降低，3名航天员由于急性缺氧、体液沸腾而死亡。这次事故以后，美俄的科学家重新研制了舱内航天服，航天员在航天器进入太空和返回地球时都会穿着舱内航天服，如果航天器发生故障，不能正常提供生命保障，舱内航天服的生命保障系统也能确保航天员安全回到地球。

与舱外航天服相比，舱内航天服要简单得多，真空隔热层、液冷层和最外面的设有各种接口的防护层是没有的。

168

链接：美俄舱内航天服的性能对比

俄罗斯的舱内航天服是白色的，美国的是橙色的。

俄罗斯的头盔是软的，就是一层布，头盔与航天服连成一体，不能分离。美国的头盔是硬的，头盔与航天服通过颈圈连接，可以分离。

俄罗斯的舱内航天服是从胸前的开口穿入，然后就像用绳子扎口袋一样将开口密封，穿脱容易、迅速，一个人就可完成，不用外人帮助，并且扎口袋密封比拉锁密封简单可靠。美国的舱内航天服是从后背的颈部到裆部的开口穿入，密封开口用的是拉锁，穿脱就比较麻烦，必须有外人帮助拉拉锁。

俄罗斯的舱内航天服比较硬，所以在肩、肘和膝部有许多像手风琴一样的褶皱，这是为了增加胳膊和腿的灵活性，并且这些褶皱处还有一些细小的绳子，可以用来调节衣服尺寸。当绳子束紧时，褶皱间距变小，绳子放松则褶皱间距变大，这样袖长和裤长可以在小范围内调节，这样就使得一套衣服可以适应几种不同身高的航天员，不过调节范围是有限的，不是很宽。这样就不用为每一位航天员做一套宇航服，节省了费用，穿着舒适性也更好。美国的舱内航天服没有褶皱，但也可以调节尺寸。

俄罗斯的舱内航天服的调节钮在前胸上，电缆和气管在腰部，而美国的舱内航天服的调节钮在左大腿上，电缆和气管也是在腰部。

美国航天员不光穿航天服，还要背上降落伞和小型救生自动充气船，起飞和返航都要穿上，这是标准装备。俄罗斯的航天员没有，但是返回舱内备有充气救生圈和充气抗浸服。如果俄罗斯的飞船降落在水中，航天员又必须离开返回舱，就需要在舱内换好衣服再离开返回舱。

俄罗斯舱内航天服的结构比较简单，体积小，重量轻，只有10千克，密封性可靠，尺寸可调，非常适合乘坐内部空间狭小飞船（比如"联盟号"飞船）的航天员。整套航天服头盔、衣服和鞋都是一体的，只有手套可以分离，穿脱起来容易迅速，一般只需要30秒。

美国的舱内航天服结构比较复杂，精致、可靠、舒适，不过航天服是分层式的，穿脱起来比较麻烦。要先穿一件布满细小管子的气冷服上衣，再穿外层航天服，穿鞋，背上背包（内有降落伞和小型救生自动充气船），戴头盔，最后戴手套。

俄罗斯的舱内航天服为全压服，而美国的舱内航天服分为头防密闭盔和代偿服。

俄罗斯的舱内航天服一般用于飞船发射和返回时应急使用，美国舱内航天服只用于航天飞机起飞和返航时。

链接：未来的火星航天服

美国的"重返月球"计划正在紧锣密鼓地进行当中，而进军火星，实现航天员在火星上的登陆也是很多人的梦想。火星上的环境和地球轨道以及月球环境都不一样，那么要在火星上登陆，对航天员的航天服有什么样的特别要求呢？未来的火星航天服会是什么样子呢？

对火星服的设计要求

我们先来看看火星环境对航天服提出了怎样的要求吧。

首先是能够适应长时期和频繁出舱活动的要求。从地球到火星的旅程最长需要540多天，在这段时间里，火星航天员可能每周进行一次出舱活动，如果遇到特殊情况，甚至每隔一天就要进行一次，所以这段时间内，火星航天员出舱活动的时间可能是航天飞机和国际空间站航天员出舱活动时间的总和。因此火星服需要特别的耐穿，至少应该能穿几十次甚至上百次，而现在最结实牢靠的俄罗斯的"海鹰"型舱外航天服，最多也只可穿15次。而且火星航天服还应该具有良好的可维修性，一旦出了故障，还能在火星基地上由航天

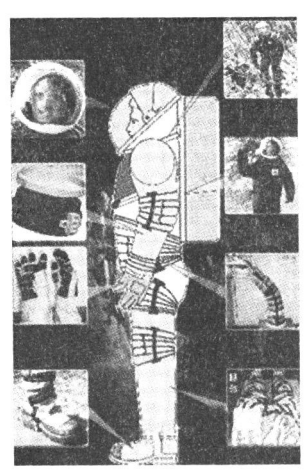 

图 4.29　新型火星探测航天服结构示意图

图 4.30　澳大利亚专家研制中的火星航天服，分男性与女性两种

员自行维修。

　　其次是要能够有效防护航天员在恶劣的火星环境中工作。火星表面环境非常恶劣，不仅空气稀薄、缺氧、温度极低，而且火星表面经常发生尘暴。尘暴中的微尘如果不小心被航天员吸入，能导致肺部的损伤，严重时甚至会发生癌变。而这些充斥在火星表面的大气中的微尘，不仅对航天员的身体有损害，对航天服本身以及各种机械设备的损害也极为严重。这种微尘具有很强的侵入性，浮尘颗粒一旦进入机械设备，特别是服装关节的滚动部位，就会引起严重的磨损。另外这种浮尘颗粒在空气中运动时，会产生一种静电附着力，因此很容易附着在服装的表面。当航天员出舱活动时，火星航天服的外表面就有可能附着大量的浮尘，航天员返回居住舱后，就会将这些浮尘带进居住舱。如果居住舱的过滤器性能不好，就很容易被浮尘颗粒堵塞。

　　航天服的重量也是个大问题。现在美国和俄罗斯的舱外航天服的重量是在105~135千克之间，这种服装在地球轨道上穿着问题不大，因为地球轨道是零重力环境，但火星表面是38％的重力环境，航天员穿着这样沉重的服装，将"步履维艰"。

171

另外还要求航天服能够在各种预想不到的情况下，随时随地保证航天员的安全。今天航天员的出舱活动都是预先在地面上经过多次的排练，而且出舱活动的环境大同小异，一般都是在国际空间站周围，情况比较熟悉。将来航天员在火星上的出舱活动，对周围环境不了解，对情况不熟悉，而且没有条件预先进行排练。因此要求未来的火星服能够适应各种预想不到的环境，在任何情况下都能保证航天员的安全。

灵活轻便的紧身火星服

为了应付火星表面的恶劣环境，科学家曾经设想采用硬的金属外壳包在火星航天服外。穿上这种服装的航天员就像古代披甲上阵的勇士，除了手套和靴子外全身都由硬邦邦的金属包裹着，压力制度采用高压。虽然这样的设计会比较简单，但是金属的外壳加上高压，会使航天员的活动变得非常不方便，任何一个小的动作都要花费很大的气力。因此这种简单的设计是行不通的。那科学家心中完美的火星航天服是什么样子呢？

首先针对火星的重力环境问题，火星航天服应该更加灵活和轻便。美国科学家经过多年研究，设计出一种称为"生物服装系统"的火星服，外形就像奥林匹克速滑运动员穿的紧身服。这种服装相当于在人的身体表面增加一层皮肤。这种类似"第二层皮肤"的衣服表面，喷有一层有机生物降解涂层。涂层的作用一方面能给人体提供机械的对抗压力，对抗火星表面的低压环境；另一方面能在布满浮尘的火

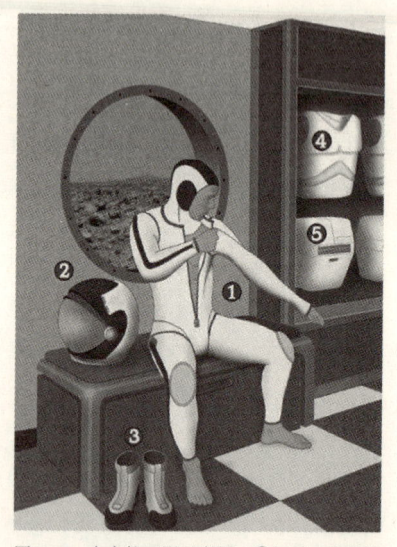

图 4.31　未来航天服示意图：①舒适而有弹性的生物服装；②头盔；③靴子；④硬壳背心；⑤便携式生命保障系统

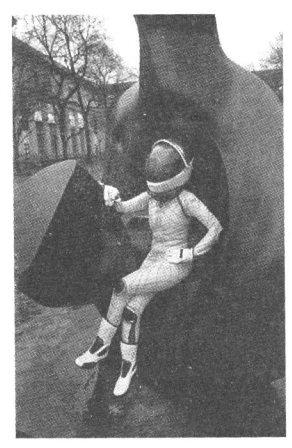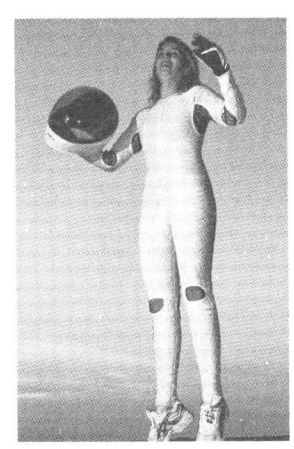

图 4.32 现代人想象设计的新型生物服装，亦即航天服

星环境中保护航天员。而且这层皮肤还能嵌入由电驱动的人工肌肉纤维，以增强人的肌力和耐力。此外，紧身火星服上还装有通信设备、生物传感器、电脑以及在火星上攀登山岩用的工具等。

紧身火星服是一套复杂的个人防护装备，除紧身服外，还有手套、靴子、加压头盔和便携式生命保障系统。航天员穿上按其体形定制的具有弹性的紧身服后，再穿上一个"硬壳"背心。这个背心其实是一个"支架"，航天员用它可将便携式生命保障系统背在背上。便携式生命保障系统给身体提供气体对抗压力。加压气体通过服装内的管道系统流入头盔、手套和靴子内部，从而对全身施加机械的对抗压力。

航天员在轨道上出舱时是飘来飘去的，脚并没有接触地面，所以对于航天靴的设计要求只是能保护好脚部就好，可是到了火星上，航天员是实实在在地在上面行走，因此航天靴的要求就比较高了，必须是能走路的鞋。由于火星的表面崎岖不平，除了要求航天靴的外部材料结实耐磨以外，航天靴的里面需要衬有一层涂聚氨酯的尼龙薄膜，同时还垫有一层小气垫，这样航天员穿起来既柔软又舒适，走起路来也就不会太累。

除此之外，这种火星航天服还结合了"变色龙服"的设计概念，

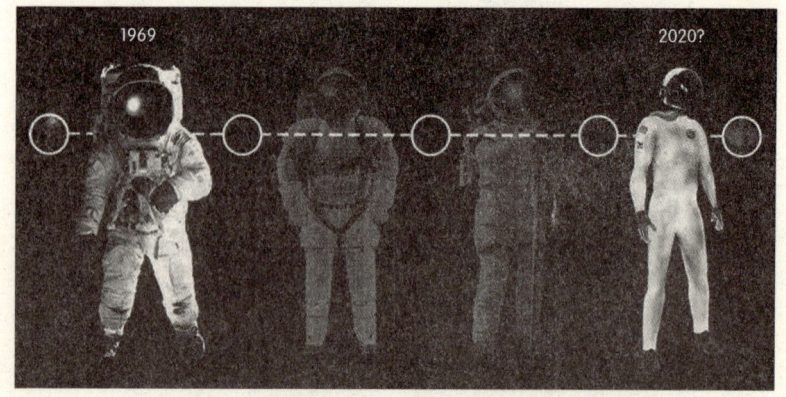

图 4.33　航天服的进化：从臃肿笨拙，到流线型的轻便

可以随温度的变化而改变颜色。不仅如此，科学家还希望将这种服装设计成一个小型生态系统。在服装里面，航天员呼出的二氧化碳和排出的水蒸气，通过吸收火星环境中的能量，转变成可供呼吸的氧气。

科学的设计

科学家将用三维激光扫描仪对人体进行扫描，然后再用一种独特的建模技术和算法，计算出人体各部位所受的压力，从而使航天服可以对全身施加均匀的对抗压力。因为火星表面是低压环境，如果不对全身施加对抗压力，航天员将会产生严重的生理障碍。

由于采用了三维激光扫描和电子回旋编织技术，火星服不仅紧身、重量轻，而且容易穿脱。今天美国的舱外航天服，航天员自己不能独立穿脱，需要在技术人员的帮助和支持下才能完成穿脱任务，而俄罗斯的舱外航天服虽然可以独立穿脱，可是太过笨重。在未来的火星之行中，可能遇见的困难和危险不可预计，所以航天服必须能让航天员独立完成全部穿脱任务，这样才能充分保证航天员的安全。

现在，这种火星航天服正在研究、试验中，相信在不久的将来我们就能见到这种先进的航天服了。

- -

链接：最容易维修的舱外航天服

舱外航天服是很昂贵的，而且在太空中航天服一旦损坏，航天员的出舱活动就只能停止，所以拥有一套耐穿且维修容易的舱外航天服是非常重要的事，特别是在国际空间站这样一个航天员需要经常出舱作业的航天器上。俄罗斯的"海鹰"型航天服在这方面无疑是个中翘楚，它最主要的一个特点就是便于维修。例如1983年10月28日，"礼炮7号"空间站上的航天员要进行一次出舱活动，任务是为空间站增加两块太阳能电池板，以补充站上的电力不足。在出舱前，一名航天员发现他的航天服——"海鹰-DMA"型舱外航天服的左侧踝关节处有漏气，需要马上进行维修，站上的航天员就用剪刀、针、线和粘胶，在尿收集袋上剪下一块胶皮做补丁，粘贴在漏洞上，再用针线缝上几针做进一步固定，维修就这样完成了。

图 4.34 "海鹰-DMA"型舱外航天服

175

太空交通工具

在太空中没有重力，所以想在太空中保持平衡是件很困难的事，更别说到达指定地点完成出舱任务了。而科学家想到了一个好办法，就是借用机动装置来帮助航天员移动。所谓的机动装置其实就是推动装置，就像一个喷气的"背包"，使用喷嘴喷出的高压气体，推动航天员的身体朝一定方向移动。机动装置都是和舱外航天服配套使用的，是航天员遨游太空的"座驾"。

手持机动单元——最早的机动装置

图 4.35 怀特手持最早的机动装置——喷气枪，进行出舱活动

如何在太空中保持平衡这个问题早在列昂诺夫第一次出舱后，NASA 在研究出舱的录像时就发现了。为了不重蹈列昂诺夫的覆辙，NASA 经过研究，开发出了一款手持式的喷气枪，有 3 个推力器，1 个前喷，2 个后喷，航天员用手控制各推力器的工作。埃德·怀特在出舱时就拿着这个喷气枪，借由喷气枪喷气时的反作用力稳定自己

的身体。虽然说这样的手持喷气枪略显笨重，也让航天员什么事情也做不成，但是埃德·怀特的这次出舱姿势确实比列昂诺夫漂亮许多。不过这个喷气枪的控制质量很差，稍有不慎就会飞离目标，需备有系绳装置才能返回原处，重新飞行。美国认识到手持喷气枪是个好办法时，就开始大力研制这种手持的机动单元，以求出舱过程更为轻松自如。而手持机动单元也从独立成套发展到了由背包供给的形式，但是美国也终于意识到，不把手解放出来，航天员什么也做不了，于是开始了新的研究方向。

航天员机动装置

在美国的空间实验里曾使用过的背包式机动装置，外形就像一位长途旅行者背在身后的背包，背包内装有高压氮气瓶，在背包周围装有 14 个喷嘴，分别指向上下、前后、左右。通过控制器打开喷嘴后，航天员不仅可以做上下、前后、左右移动，而且还能进行翻滚和旋转运动。它的最大优点是能准确地进行身体定位，让身体保持任何姿势。可惜的是这种机动装置，仅在"天空实验室"做过试验，没有正式进入太空使用过。

图 4.36 航天员的机动装置

载人机动装置

图 4.37　载人机动装置

这是在航天飞机上使用的机动装置。它是一个大型的呈长方体的喷气背包式机动装置，重 154 千克，高 1.27 米，宽 0.86 米，厚 1.22 米。在它的八个角上一共安装有 24 个推力器，每个角上 3 个，每个推力器的推力均为 7.56 牛。24 个推力器分为两组，其中一组为备份组，在发生故障时可实现整个推力器的切换。推力器所用的推进剂为氮气，两个气瓶携有氮气 11.8 千克，能为航天员提供每秒 20 米的移动速度。而且这个机动装置的控制系统的精度非常高，达到正负 1.25 度的误差，并且还有自动姿态保持功能，不用航天员动一次又调一下姿势，比较方便。这个装置有左右两个控制手柄，平时处于收缩状态，当装置装到航天员背上后，就会自动伸出来，长短能够调节。

载人机动装置像一把没有座位的椅子，安在航天员的背上，航天员通过扶手上的开关控制 24 个微型喷嘴，喷射出压缩氮气，形成各个方向大小不同的反推力，实现各个方向的移动。

图 4.38　航天员在太空中的英姿

航天员带上这种喷气背包，能在茫茫太空中随心所欲地翻筋斗、旋转、向上、向下、向前、向后自由移动，左右摇摆或"高车定点"。

　　航天飞机在每次飞行中都带有两个这种装置。载人机动装置在1984年中曾三次在航天飞机上使用，并大出风头。这个装置原本就是用作修复航天飞机外表面防热瓦的移动工具，由于当时防热瓦未发现有重大问题，为此坐了几年"冷板凳"，但是它终于在修复和回收卫星中一展身手，仅仅在1984年就出手三次：第一次航天员背着该载人机动装置进行太空行走，最远走了100米；第二次航天员依靠该装置抓获了"太阳峰年"卫星；第三次2名航天员依靠该装置捉住了两颗未进入轨道的通信卫星，可谓功不可没。

　　在早期，为了保险起见，航天员仍需系安全索。美国研制的喷气背包的维持生命系统有效工作时间为7小时，能提供的最大速度是13.4米／秒。但这会很快耗尽能量，因此航天员常用一根带有刻度的小棒测量离开航天飞机的距离，以保证能安全返回。太空行走的时间一般不超过6~6.5小时，万一航天员不能自己走回航天飞机，可以用牵引缆索把他拉回来，不过现在这个装置已经不再使用了。

图 4.39　航天员进行出舱活动　　　　　图 4.40　出舱航天员的"酷"姿

月球车

在太空轨道环境中，我们有载人机动装置帮助我们移动，那到了星球表面呢？我们也可以开着车子进行考察，在美国曾经登陆月球的过程中，就留下了月球车的痕迹。

月球车是在月球表面行驶并对月球考察和收集分析样品的专用车辆。在实验室里，这个重要角色的学名是"月球探测远程控制机器人"，公众已经习惯叫它"月球车"。世界上第一颗人造卫星发射成功后，人们便开始了飞向地外天体的准备。然而，在对月球表面探测的过程中，采取什么运输工具才有可能在月面上进行实地考察呢？于是，产生了月球车。为了使月球车在月面上能够顺利行驶，美国和苏联曾发射了一系列的卫星探测器，并对月面环境进行了反复的科学实验，为在探测器上携带月球车的成功打下了可靠的基础。科学家对经由月球车月面的实地考察所带回的宝贵资料进行了分析研究，大大深化了人类对月球的认识。

不过现在我们说的并不是专门用来考察的无人驾驶月球车，而是有人驾驶月球车——这是由航天员驾驶在月面上行走的车，主要用于扩大航天员的活动范围和减少体力消耗，可随时存放航天员采集的岩石和土壤标本。

航天员在月面上做野外考察，携带着大量的仪器和设备，穿着笨重的月球服，

图 4.41　月球车

月球车

在月球上开车

"阿波罗 15 号""阿波罗 16 号""阿波罗 17 号"使用了月球车，在每次飞行任务结束后，月球车都被留在了月球上。

月球车是一种电池驱动的四轮电动车，最高速度只有 14 千米／小时。它携带了照相机以记录这次月球飞行任务；安装了天线以与地面控制通信；还携带了装载岩石样本的科学实验箱。月球车被折叠起来，紧紧挂在月球舱外部，带到了月球上。

天线

控制板

金属网线车轮

月球表面

图 4.42　月球车结构示意图

背上还背着沉甸甸的便携式生命保障系统，虽然月球重力只有地球的 1/6，但完全靠步行也是不可能的，必须提供交通工具。月球表面漫游车根据行驶距离的不同分为近程、中程和远程 3 种。近程漫游车行驶距离只有几百米，工作时间在 6～8 小时以内；中程漫游车行驶距离为几千米，工作时间也是 6～8 小时以内；远程漫游车

月球自动车

1970 年和 1973 年两艘"月球号"宇宙飞船，把运载的工具机器人——月球自动车 1 号和月球自动车 2 号携带到月球上。这些移动的实验室向前爬行时，将对月球表面进行勘探和拍摄照片。它们检测土壤样本，并向地球发回图像和信息。在月球的黑夜降临时，它们就会停止移动，关闭舱盖以保存能量。

爬行的天文台

月球自动车是由地面控制中心的一个五人小组操作的

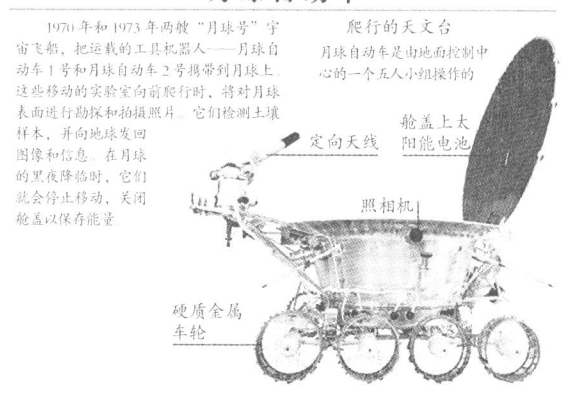

定向天线

舱盖上太阳能电池

照相机

硬质金属车轮

图 4.43　月球自动车结构示意图

图 4.44 苏联研制的月球车，同时也是世界上第一台无人月球车

行驶半径达 500 千米，而且可以连续工作 10 天。漫游车的工作时间实际上是生命保障系统维持生命的时间。近程和中程漫游车相似于"阿波罗"计划中的月行车。远程漫游车的车厢是加压密封的，由生命保障系统提供氧气，并维持适当的压力、温度和湿度，车上还有一个气闸舱，供航天员进出车厢用。

这类月球车的每个轮子各由一台发动机驱动，靠蓄电池提供动力，轮胎在 –100℃ 低温下仍可保持弹性。航天员操纵手柄驾驶月球车，可向前、向后、转弯和爬坡。1971 年 9 月 30 日，美国"阿波罗 15 号"飞船登上月球，两名航天员驾驶月球车行驶了 27.9 千米；"阿波罗 16 号、17 号"携带的月球车，分别在月面上行驶了 27 千米和 35 千米，并利用月球车上的彩色摄像机和传输设备，向地球实时地发回航天员在月面上活动的情景及离开月球返回环月轨道时登月舱上升级发动机喷气的景象。

链接：人类首次月球车行驶

1971 年 7 月 31 日，"阿波罗 15 号"航天员戴维·斯科特和詹姆斯·B.欧文进行了人类首次月球车行驶，他们驾驶着四轮月球车，在崎岖不平的月球表面上，越过陨石坑和砾石行驶了数千米。斯科特和欧文成为在月球上漫步的第七位和第八位航天员，而且是首次在月球上驾车行驶的。

他们于 30 日在月球的"雨海"登陆，并于美国东部时间 31 日上午 9 时 25 分离开"鹰号"登月舱。几分钟之后，他们从宇宙飞船上卸下月球车，开始了他们的勘探旅行。游车的前航轮操作不灵，但是按设计只有后轮驱动，后驱动轮运转良好。

当 2 名航天员在埃尔鲍陨石坑的边沿停下时，位于休斯敦的任务控制台打开了游车的电视摄影机，向地球传送非常清晰的彩色图像。电视观众可以看到航天员挑选和采集月石标本。有一次，他们兴奋地喊道："这里有些漂亮的供地质研究用的岩石。"

他们驾车行驶了 2 小时，走了 8 千米，之后又回到登月舱。按计划，斯科特和欧文将在后两天驾驶月球车做更多的旅行。他们将同在指挥船中的另一名"阿波罗 15 号"航天员阿尔弗雷德·M. 沃顿会合，一起返回。

图 4.45　航天员驾驶月球车在月球表面行进

图 4.46　从左至右依次为斯科特、沃顿和欧文

神奇工具

航天员要在太空中完成任务自然很不容易，他们需要特制工具的帮助，下面我们就来认识一下这些工具吧。

工具运送器

工具运送器其实就是平时我们说的用来装工具的工具盒，以方便航天员将工具拿到太空中去。工具运送器主要包括有：小型工作站、工具箱、货仓存储装置和供应品存储装置。

小型工作站是一种机械设备，位于出舱活动单元的前面，可为穿用者提供附加的临时存放出舱活动工具的地方。此外，它还包括一根附加的工作系索，用来为工作地点提供更多的约束，并防止个别工具飘离——每件工具都用 0.9 米长的收缩绳连接在可互换的工具箱上。

工具箱由硬质纺织物制成，重 0.85 千克，是用来存储小型手工工具的。如果有附加的临时约束，可用两条 0.9 米长的带有搭扣带的收缩绳作为补充。

货仓存储装置和供应品存储装置是存放航天飞机出舱活动工具

的地方，位于有效载荷下面，它重达 108.23 千克，可以存放最多重 181.44 千克的出舱活动工具和设备。

表面探测工具

来到星球表面，一切都和在轨道上不一样，表面探测、地质采样和获取照片文档，都需要一套专门的功能工具设备。

"阿波罗"登月手工工具

在"阿波罗"登月计划的早期，人们就认识到月球表面的探测将需要大量的工具和器械。在登月任务的不同阶段需要不同的设备。

模块化设备存储装置是一个用来存放绝大多数表面探测工具的台架。这些工具被存放在登月舱前部第四格的折叠模块设备存储装置

图 4.47 "阿波罗"登月航天员在月球表面活动时所使用过的模块化设备存储装置

中。当第一次放下梯子的时候，将其打开，以便更容易地接近月球表面。这里面除了有新的便携式生命保障系统电池、月球采样收集器、电视摄像机外，还有一个折叠小桌。这个小桌有两个作用：一是用于固定月球采样收集器，以便于对采样打包；二是作为航天员悬挂移动包的支架。

延长把手是一根铝合金管，长约 76 厘米，直径 2.5 厘米，带有可延长的不锈钢螺帽，这个螺帽用来做铁砧的表面。这根延长把

图 4.48　美国登月航天员在登月舱和月球车前面与国旗合影

手最初作为其他几种工具（铲子、耙子、锤子、采样管）的延长把手，使航天员穿着舱外航天服工作时不用弯腰或跪下就能使用这些工具。把手的下端装有速断装置和锁，用来约束、压缩、拉紧和扭转，或是实现这些功能的组合。铝合金管上端是一个滑动的 T 形把手，可以进行扭转操作。

样本秤是用来称取航天员采样质量的，将这些样本采集到存储器或其他容器中带回地球，必须控制在一定的质量之内。样本采集不是简单地将岩石装满箱子，而是要根据登月舱发动机把航天员带离月球的能力，对样本质量进行仔细测定。必须精确计算重心位置，以确保平稳而准确地飞行。"阿波罗号"使用的秤的最大刻度为 36.78 千克。

图 4.49　航天员在月球上进行活动

夹钳很有用，它能帮航天员采用站姿抓取大小从鹅卵石到拳头般大小不等的样本。夹钳的把手是铝制

图 4.50　登月航天员在月球表面采集样
本时所使用的夹钳

图 4.51　登月航天员在月球表面采集样本

的、双齿由不锈钢制成。使用时，紧握把手上端 T 形柄，双齿就张开了，一旦选定样本，松开 T 形柄就可以把样本放进采样包，这种工具对于重新拾起不小心掉落的工具也是非常有用的。

月面耙一般用来收集零散的、尺寸在 1.3~2.5 厘米之间的岩石和岩石碎片。耙子的把手长约 25 厘米，固定在延长把手上，并且可以调节，以方便样本的收集和存放。耙尖为铲子形状，用不锈钢制成。当航天员使用耙子时，小石子和土粒从耙缝中漏出落回月面，留在耙尖上的就是所要收集的岩石样本了。

可调采样铲在样本太小、难以用钳子或耙子拾取，或者需要收集泥土样本时使用。它的把手和延长把手是连接在一起的，铲面可从水平位置调节到 55° 角和 90° 角，既可用来铲取样本又可用来挖掘在月球表面以下的样本。它有一个平底，两侧都有凸缘，还有半封闭的盖子，

图 4.52　登月航天员在月球表面用可调
采样铲采集土壤

图 4.53　登月航天员在月球表面用锤子采集样本

图 4.54　登月航天员在月球表面活动，搬运实验设备

以防止收集的样本丢失。

锤子是个样品收集锤，这种单独的工具实际上有很多种作用，可以用来敲碎大块岩石、做杠杆、凿洞，还可以在必要时用来敲击其他工具。锤头由防撞工具钢制成，一头是锤面，一头是宽阔的平面刀刃。36 厘米长的把手是铝制的，当锤子做锄头用时，就把锤子和延长把手连接在一起。

图 4.55　登月航天员在月球表面活动时所使用过的工具

表面取样器是一个长 12.5 厘米，宽 11.25 厘米，厚 1.25 厘米的小盒子，在这个小盒子里，有一个盘子"飘浮"在水槽中，盘子被柔软的织物层覆盖着。在使用这个工具时，航天员打开盒子底部的弹簧门，将它轻轻放低，直至飘浮的盘子接触到月面，然后那些只有

300~500 毫克的微小样本就被采集到盒子里了。

月球车土壤取样器是一种铲子,固定在通用手持工具的底部,用于采集月球表面的土壤和岩石样本,而无需航天员从月球车上下来。这种工具长 25 厘米,宽 7.5 厘米,底部有一个直径 7.5 厘米的环和一个用 5 根铁丝固定的笼子,这个笼子里装有 12 个帽子形状的套在一起的塑料袋。装上样本后,这些袋子将被取下来密封好,然后笼子里会露出一个新袋子来装下一个样本。

"阿波罗"月面实验装置工具

通用手工工具也被称作"多用途工具",这种工具类似于一个加长的内六角扳手。通用手工工具的每一个嵌入式底座都与"阿波罗"月面实验装置仪器上和结构装置上携带的插座以及螺栓扣件相配,在这个工具的前端的弹簧球锁使它保持在插座里,航天员扣动把手末端的扳机,就可以打开这个锁。

月球仪器传送带由一条皮带构成,长 18.28 米,宽 25.4 毫米,围绕在上层平台的一只支撑环上。这个传送带的两端各挂一个钩子,月球表面的航天员将样本挂在传送带上,将其传送到上层平台的乘员舱中,再由登月舱中的航天员将其转移到舱内。相反地,登月舱内的航天员也可以把物资用传送带运送到月球表面的航天员身边。

图 4.56 登月航天员在驾驶着月球车前进,图为经过航天员修补后的受到些许损坏的轮胎

图 4.57　登月航天员在月球表面活动时所使用过的特殊装置

图 4.58　登月航天员在月球上架设的特殊工具

样品回收器

样本回收器是确保在首次月表出舱活动开始时，至少能采集一小部分月球样本，以防止登月舱在必要时提前离开月球。该容器放在登月舱里，有一个样本带固定在延长把手上，由航天员带出登月舱，登上月球后即可使用。采集好样本后，可以将样本带放在航天服腿部的口袋中，十分方便。

采样管是铝制空心管，每个直径为 4 厘米，长约 41 厘米。为了采集月球表面几厘米深处的岩石样本，航天员携带了很多采样管，用于钻探较软的月面表层。每个管子的上端都能封闭，以便同延长把手一起使用，底端是开口的，带有一个无齿刀刃。为了保留样本，防止其在管子拔出时脱落，在管中有一个内置弹簧稳稳托住已采得的样本。采样后用一个带有金属挤压密封垫的螺帽代替刀刃，将管子底端封闭。

图 4.59　登月航天员在月球上利用工具采集岩石样本

图 4.60　登月航天员在月球上活动

样本回收箱可以容纳 60 千克的有记录的样本，样本带、采样管等都可以放置在箱子中，然后密封、统一带回地球。

摄录器材

摄录器材是记录航天员工作状况的工具，十分重要。过去的摄录器材固定性不是很好，很容易在太空中丢失，可是现在这种情况已经不会发生了，摄录器材得到了很好的安放。下面我们来看看摄录器材一直以来的发展。

"上升 2 号"——列昂诺夫携带一架照相机进行拍照工作，但是由于舱外航天服太硬，操作起来十分困难。他还携带了一架摄像机，并把它固定在密封舱的边缘，记录自己历史性的出舱活动。

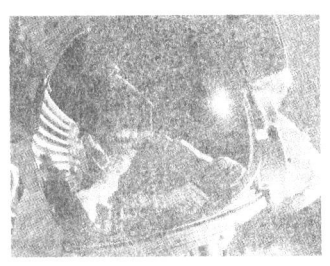
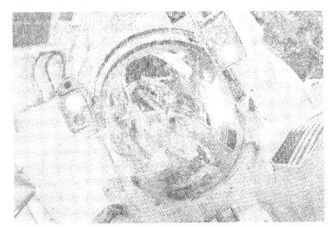

图 4.61　出舱航天员在太空中自己给自己拍照（组图）

"双子星座号"——一架 16 毫米摄像机被安装在"双子星座号"的舱口处，用以记录出舱活动，还有一架小型的手控摄像机安装在手控机动单元上，由埃德·怀特使用。

"联盟号"——1969 年，在"联盟号"的出舱活动中使用过一架电视摄像机和一架照相机，但不幸的是，那架照相机没有正确固定，结果丢失了。

"阿波罗号"——"阿波罗号"的摄像器材十分齐备，将整个飞行和航天员出舱的过程都记录得很清楚。设备包括 16 毫米摄像机、70 毫米和 35 毫米照相机、配套镜头、胶片盒、托架、滤光镜、曝光表以及其他附件，十分专业。

航天飞机——航天飞机出舱活动单元的头盔上带有一个实时闭路电视摄像机，通过 S- 段频率传播节目。每次出舱活动结束后，都可以更换备用电池。

飞行中的维修工具

基本工具箱位于货物舱服务区，在每次任务中至少要放置以下工具：

两个活动扳手、90° 的尖嘴钳、一个对角切割器、一把螺丝刀、一根改进的撬棍、一个改进杠杆、老虎钳、一个铜头锤子、一个螺丝刀状的探测器、一把杠杆扳手、一个改进的棘齿驱动器、一把改进螺丝刀、一把 10

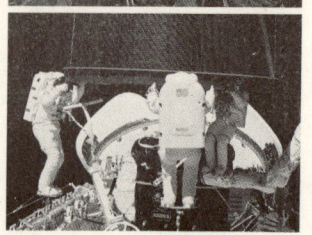

图 4.62　航天员在出舱维修（组图）

号内角扳手、一个改进的动力棘齿和驱动电动工具、一把开口式扳手、一个六角专用螺钉、一根撬杠、一个镊子等。

在航天飞机的飞行过程中，最可能出现的应急操作是：再入大气层之前，有效载荷舱的舱门忽然不能自动关闭，需要手动关闭。为了方便操作，在有效载荷舱的前后舱壁各安装了一个手动操作的绞盘，它们在轨道上也能重新放置。

链接："发现号"航天飞机的手术箱

当 NASA 做出让航天员太空出舱修复"发现号"的重大决定时，人们都为航天员如何史无前例地完成这项工作捏了一把汗，因为大家都知道，在太空做什么事情都不容易：你完全可以想象一下戴着曲棍球手套并在失重状态下飘来荡去地使用一个填缝枪干活是什么样子，何况还有忽高忽低的温度。但是当"发现号"上的航天员拥有这样一个手术箱时，似乎再艰巨的任务也会变得可能。

图 4.63 "发现号"航天飞船第二次矗立在发射架上

最省事的办法是改进

戈达德航天飞行中心有一个由工程师组成的小组专门负责研制太空工具和其他"小玩意儿"，这些东西可以让航天员在太空工作时用起来像他们在修理厂使用时一样简单。针对"发现号"的这次飞行，他们研制出一整套用于处理突发事件的工具，比如用来修复航

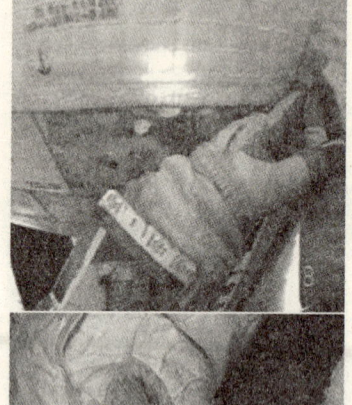

图 4.64 为航天飞机缝"伤口"（组图）

天飞机机翼前沿隔热瓦的工具。

为了节省时间，工程师们也会将一些在地球上使用的工具进行改进。这次"发现号"航天员带上太空的其中一件工具是手提式红外摄像机，用于扫描隔热瓦，以便发现裂缝。另外还有一种手提式温度传感器，用于测量机翼和修补材料的温度，因为机翼和修补材料只有在适宜的温度下结合在一起才能使维修变得牢固。

航天员的三个"助手"

除了上面提到的那两种工具外，航天员还拥有三个"机组人员助手"。"机组人员助手"是一种帮助航天员使用以前研制的工具的装置。

要维修隔热瓦，航天员就必须携带这套工具——泥铲、刮刀、红外摄像机、热传感器以及填缝枪等，而如何携带这套工具就是个大问题。于是"工具袋"应运而生，事实上它更像一个箱子，可以折叠起来放在航天飞机的中舱锁柜里，航天员无论要完成什么任务都可以把所需的工具放进工具包里，所以它看起来更像一个简单的工具箱或工具袋，但它有额外的热量和负荷保护。

另外两个"助手"是在工具从袋子里取出后使用。其中一个类似于艺术家使用的调色板，里面盛着修补隔热瓦缝隙的修补材料。这个手提式小板像乒乓球拍那样大，是一种非常简单的装置，但它必须保持正确的温度，不能给材料增加或降低温度。这个手提式小板上面有热感应带，所以航天员能够知道里面的修补材料是否处于合适的温度。

最后一个"机组人员助手"被称为改进的"小型工作站工具储藏盒"，这也许是航天员最重要的助手。因为任何工具如果从使用者手中飘走的话，那它就一点用处也没有了，但"小型工作站工具储藏盒"能保证防止发生这样的事情。从本质上说，这是一种工具带，为方便太空使用而设计，绕在航天员身上，有一条可收回的拴链，拴链上有一个夹子与工具相连。

　　为了一个梦想而苦苦追寻四十年，四十载春去秋来记录着岁月的沧桑，铭记着人类航天事业的自豪和骄傲。前赴后继的航天员在光阴中执着前行，在岁月中书写辉煌，他们沉沉地负载着希望，深深地打上了时代的烙印。

　　茫茫宇宙，浸满朝圣者的灵魂，巍巍太空，挂满昨日的残梦。回望历史，我们有更多的思索。

第五章
回望寰宇

太空是漆黑的，在黑色太空的背景上，星星看起来要亮一些，也更为清楚。地球有一个很特别的，很美丽的蓝色晕圈，你观察地平线时，可以很清楚地看见它。色彩平稳地转变，从嫩蓝到蓝色，再到深蓝，又到紫色，然后变成太空的漆黑色。这个转变太美了。

——加加林

太空浩瀚，岁月悠长，我始终乐于和她分享同一颗行星和同一个时代。

——卡尔·萨根

出舱险情

太空终究是一个危险的地方，尽管出舱前做了很多准备工作，出舱计划也做得很好，但是每个航天员出舱时都会忐忑不安，因为在未知的太空中，什么危险都有可能发生，一旦发生了危险如何尽量解决才是重点。尤其在轨道上出舱时，最害怕的是航天员没有办法再回到航天器上来。

1977 年 12 月 20 日，在"礼炮号"空间站气闸舱内，罗曼年科正在进行出舱活动，他将头伸出舱门外，身体即将离开空间站。这时在他旁边监督他的格雷克科发现他居然忘了系安全绳索，马上眼

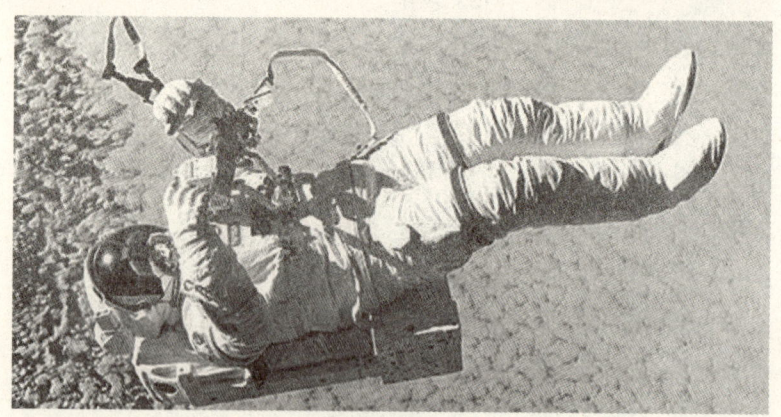

图 5.1　身处太空中的航天员，如果稍有马虎，就有永远也回不到航天器和地球的可能

图 5.2 航天员在出舱活动前一定要认真检查好自身的装备，不能有丝毫的懈怠

疾手快地一把拽住了他，这才避免了悲剧的发生。实际上这个出舱航天员还是系了安全绳索的，只不过后来松开了。可见在太空出舱时，一点也马虎不得。

现在不少航天员选择了机动式出舱的方式，不过就算是机动式出舱，安全绳索还是必要的，它能在能量用完而航天员还没有回来的危急时刻，把航天员慢慢拉回来。

舱外航天服是航天员能在太空中生存的根本，如果航天服出了问题，那是十分危险的。

"双子星座9号"上的航天员在出舱活动开始时，由于航天服加压而感到身体僵硬，四肢不能弯曲。刚一出舱，他便感到手、脚没有固定的地方，而且没有任何办法减少他的体力消耗。当他在飞船后部工作时，由于液冷服出现故障，呼出的气体排不出去，面罩内出现雾，限制了他的视线。当他想按计划背上航天员机动装置时，因为面罩内有雾，看不见周围，所以不能用航天员机动装置飞行。尽管他很想完成任务，但指令长还是决定中止这次出舱活动。更不幸的是，由于出舱活动中他的身体过度用力，航天服背部外层被划破，受太阳光照射，他的背部被晒伤。太阳光的热还损坏了服装的生命保障系统。在出舱活动结束后返回飞船座舱时，他在别人的帮助下才得以进入座舱。

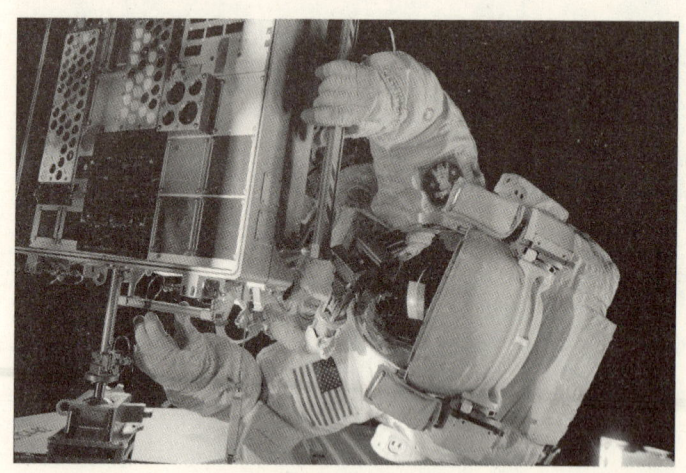

图 5.3　身处太空的航天员正在进行任务操作

返回之路

返回航天器

出舱任务完成后，航天员需要回到航天器内。这个过程和出舱的过程是正好相反的。轨道出舱的航天员回到航天器的气闸舱门前，脸朝下、脚朝前进入气闸舱，然后关闭舱门。星球表面出舱的航天员则是面朝航天器，慢慢地从梯子上进入航天器，然后关上舱门。回到航天器内以后，航天员进行增压操作，将舱内气压调至正

图 5.4　飘浮在太空中的航天员

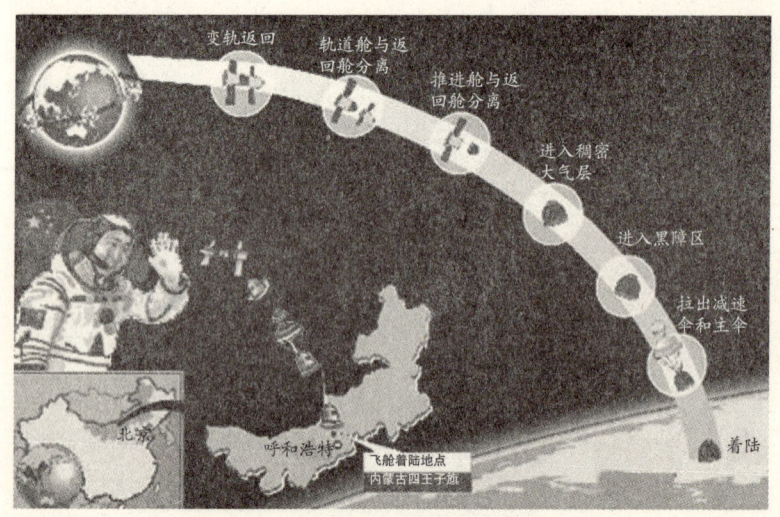

图 5.5 "神舟五号"飞船返回着陆示意图

常水平，然后航天员会将航天服脱下，进行一系列的身体检查，并休息。一次太空出舱是很消耗体力的，所以出舱返回的航天员需要好好地休息。而等航天员休息好了以后，要做的第一件事就是清理、整理航天服。航天员出舱活动时，航天服上沾了不少尘埃，如果不把航天服清理干净，尘埃可能会在航天器中飘来飘去，影响航天器的操作。

安全返航

在太空中的任务完成后，航天器便要返回地球了，整个航天活动的最后阶段到来，而这也是航天员和地面工作人员都十分紧张的时刻。因为航天器返回再入大气层时，充满了危险，而很多航天事故也在这个时段发生，所以要十分小心。

生死四关

航天器返回时，在再入大气层时会遭遇四道大关，被称为生死四关。那这四关到底是什么呢？又会给航天器带来什么危险呢？

第一关："烧蚀关"。在距地球约 100 千米时，航天器开始再次进入稠密的大气层。由于航天器对大气的高速摩擦和对周围空气的压缩，航天器的速度急剧降低，这样它的大部分动能变成了热能。虽然大部分热能以辐射和对流的方式散失掉，只有

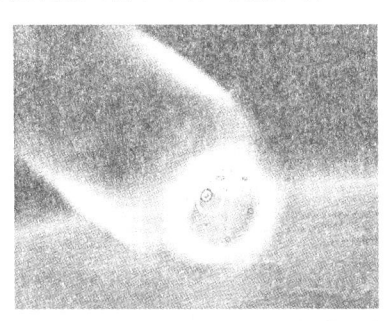

图 5.6　航天器在返回地球时所面临的第一关就是"烧蚀关"。图为火星探测器进入火星大气层时的情景。载人航天器的返回舱在返回时进入大气层的状态与此类似

百分之几的热能传给航天器，但这也会使航天器变成一团火球，达到上千摄氏度的高温，这足以将航天器烧毁。因此，航天器必须从再入大气层的轨道、再入方式上考虑，采取措施确保飞船的再入速度不会急剧变小，从而产生巨大的热能。同时在航天器表面采用有效的隔热结构和隔热方式，使航天器内的温度保持在 40℃ 以下。

第二关："黑障关"。进入大气层时，航天器会遭遇极为危险的"黑障"现象。由于航天器以超高速再入大气层时，会在航天器表面和周围气体中产生一个温度高达上千摄氏度的高温区。高温区内的气体和航天器表面材料的分子被分解和电离，形成一个等离子区，像一个套鞘似的包裹着航天器，从而使航天器与外界的无线电通信衰减，甚至中断，出现"黑障"现象。在"黑障"区内，航天器、航天员与外界失去联系，这对航天器的性能和航天员的心理、生理都是严

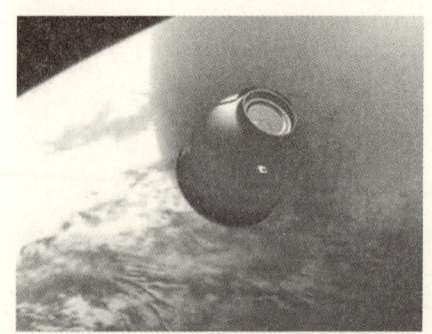
图 5.7　载人飞船的返回舱在返回时进入"黑障"区

图 5.8　航天器冲出"黑障"区

峻的考验。这一段"最难熬的时光"一直要持续到距离地球约 40 千米处,"黑障"才会消失。

第三关:"过载关"。飞船在大气层内减速的过程,会使返回舱内的人员和设备受到过载的作用,就像是急刹车时车上的乘客会感受到向前的推力一样。特别是在应急返回时,当过载超过一定限度时,航天员就会出现生理失调,身体某些部分血压降低,轻者会出现呼吸异常、代谢紊乱、头昏、疲倦,重者会出现中心视觉消失、视觉变红、昏迷。因此,返回再入时的最大过载应限制在 10 牛以内。

第四关:"冲击关"。当航天器降到距地球约 10 千米时,降落伞将会打开,帮助航天器减速,这时航天器的着陆速度会从 200 米／秒降低到 7~10 米／秒。但是,在重量超过 3 吨的航天器着陆的瞬间,航天员仍然会感受到很大的冲击力。针对这一点,航天器上一般会设计缓冲火箭发动机和缓冲坐椅。着陆前,航天员的坐椅会自动提升,把航天员受到的着陆冲击力降到最低点。在航天器降落到离地面大约 1 米时,缓冲火箭发动机点火,使返回舱以 1~2 米／秒左右的速度着陆。

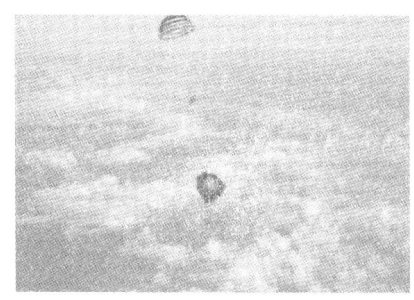

图5.9 当航天器降到距离地球约10千米时，降落伞将会打开，以帮助航天器减速（组图）

链接：载人飞船返回过程

载人飞船返回地面一般须经历4个阶段，即制动飞行阶段、大气层自由下降阶段、再入大气层阶段和着陆阶段。

航天测控指挥部门首先向飞船发出返回程序和数据指令，飞船按预定时间调整飞行姿态，完成偏航动作，轨道舱和返回舱分离，分离后的轨道舱继续留轨飞行，进行科学实验。接着，飞船再次完成制动姿态调整，尾部朝飞行方向。飞船按程序点燃发动机制动，完成离轨操作任务，进入返回轨道。

当飞行高度降低到距地球约140千米时，推进舱与返回舱分离。当返回舱距地球约100千米时，再入大气层，与大气层产生剧烈摩擦，外表变成一团火球，周围产生等离子体，形成电磁屏障，又称"黑障"。此时，返回舱与地面通信中断。当返回舱距地球约40千米时，"黑障"消失。

当返回舱降到距地球约10千米时，回收着陆系统启动工作，弹出伞舱盖，连续完成拉出

图5.10 载人飞船的推进舱与返回舱分离

引导伞、减速伞和主伞动作。返回舱乘主伞缓缓下降，抛掉防热底盖，距地面约1米时，点燃反推火箭发动机，以不大于3.5米/秒的速度实现软着陆。

图5.11　载人飞船着陆演示图（组图）

三项关键技术

　　要确保航天员和航天器安全着陆可不是件容易的事情，这是一项复杂的综合性技术。其中有3项技术最为关键，那到底是什么呢？

　　关键一：返回控制和制导技术。航天器能否安全着陆，返回时的轨道和角度问题是关键。反推火箭的制动方向将直接决定航天器再入大气层的角度，火箭的点火时间也会影响返回舱的落点位置。对于载人飞船来说，航天员的手动控制可作为返回控制的预备或主要的控制方式；而航天飞机是靠姿态控制系统控制航天飞机进入大气层的状态。

　　关键二：再入防热技术。在再入大气层的过程中，为了防止有效载荷舱或乘员座舱过热，再入航天器备有再入防热系统。根据再入环境的不同，弹道式、半弹道式再入航天器采用以烧蚀防热为主的防热系统；航天飞机则采用以辐射防热为主的防热系统。由于防热系统的重量会影响再入航天器的性能，因此研制效率高、重量轻、能多次重复使用的再入防热系统，是返回技术的一大关键。

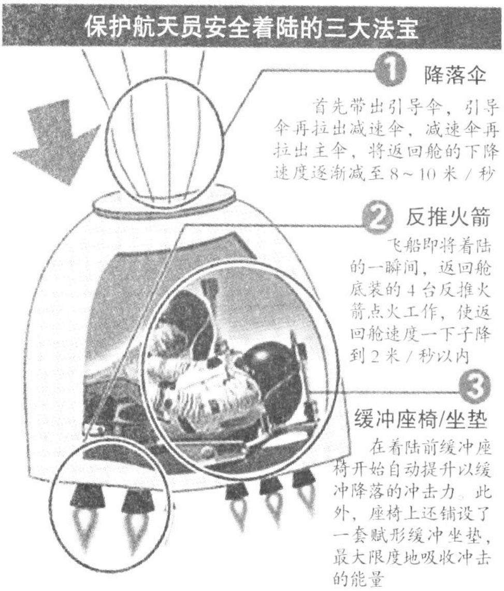

保护航天员安全着陆的三大法宝

① 降落伞
首先带出引导伞，引导伞再拉出减速伞，减速伞再拉出主伞，将返回舱的下降速度逐渐减至8~10米／秒

② 反推火箭
飞船即将着陆的一瞬间，返回舱底装的4台反推火箭火工作，使返回舱速度一下子降到2米／秒以内

③ 缓冲座椅/坐垫
在着陆前缓冲座椅开始自动提升以缓冲降落的冲击力。此外，座椅上还铺设了一套赋形缓冲坐垫，最大限度地吸收冲击的能量

图5.12　保护航天员安全着陆的三大法宝

关键三：回收和着陆技术。弹道式、半弹道式再入航天器须由回收系统使其进一步减速，最后乘降落伞垂直着陆或溅落；航天飞机则是在自动着陆系统的控制下完成着陆动作。

链接：飞船的"防热衣"

当返回舱在距离地面40~80千米的高度以数千米每秒的速度穿越稠密大气层时，返回舱表面温度会达到1000℃~2000℃，如果不采取有效的防热降温措施，整个返回舱将会像陨石一样被烧为灰烬。这时必须给飞船穿上一层"防热衣"，使飞船内部的温度控制在航天员可以忍受的40℃以下。

飞船返回舱的降温主要通过3种方法：一是吸热式防热，在返回舱的某些部位，采用导热性能好、熔点高和热容量大的金属吸热材料来吸收大量的气动热量；二是辐射式防热，用具有辐射性能的钛合金及陶瓷等复合材料，将热量辐射散发出去；三是烧蚀防热，利用高分子材料在高温加热时表面部分材料熔化、蒸发、升华或分解汽化带走大量热量的方法散热。

由于飞船重量的限制，防热材料要求是重量尽可能轻的低密度烧蚀材料。像俄罗斯的"联盟号"飞船直径是2米，表面积是17平方米，它的防热材料为700千克。

- -

搜救行动

在航天器着陆后，地面工作人员需要及时找到航天器，将航天员接出，避免出现危险。在人类第一次太空出舱后的飞船返回时，由于着陆发生意外，搜救工作没有及时展开，结果2名航天员差点冻死在冰天雪地中。

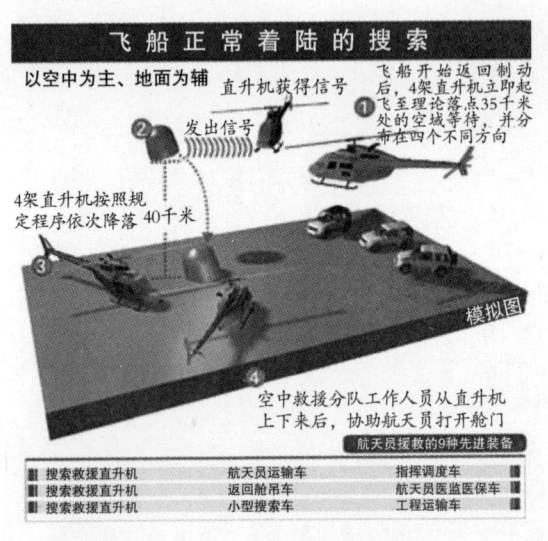

图5.13 飞船正常着陆的搜救

航天器在发射时就需要确定好着陆场，一般有主副两个着陆场，避免在着陆当天出现不适合着陆的天气情况。一旦航天器决定返回，地面工作人员就已经做好搜救准备了。搜救行动由空中搜救和地面搜救两部分组成，以空中为主、地面为辅，通过空地协同、空地结合共同完成航天器的搜索和航天员救援。

图 5.14 载人飞船着陆后，地面搜救人员立即展开行动进行搜救

空中搜索以直升机为载体。在航天器开始返回制动后，直升机会立即起飞至理论落点附近的空域等待，当航天器到达距离地面 40 千米的高度时，航天器上的信标机开始工作，直升机将获得信号。

几分钟后，航天器降落到地面，直升机会立即直飞飞船着陆点。在确认飞船着陆后，直升机降落，空中救援分队工作人员从直升机上下来后，协助航天员打开舱门。医监医保医生根据返回舱着陆状态和航天员的生理状况，决定航天员是自主出舱还是在工作人员协助下出舱，同时决定是对航天员开展正常医监医保程序，还是展开应急救援。

即使航天员看上去一切正常，也不能做一些激烈的举动。由于在太空中生活了多天，航天员身体内的钙质大量流失，全身的血液也都进行了重新分布。因此，出舱后的航天员将立即进入医监医保直升机，由医监医保医生对他们进行消毒、血压采样、各项生理指标的采集。航天员脱下重达 10 多千克的航天服，换上轻便的服装。整个过程，大约需要 40 分钟。

链接：航天员的救生包

图 5.15 航天员野外自我生存所需要的装备

图 5.16 航天员野外自我生存所需要的装备

航天员在返回地面时，身边都会有一个小包包，你肯定会问：这个包包又有什么用呢？其实呀，这个包包是飞船紧急着陆时保护航天员生命安全的救生包。那么，航天员的救生包里究竟有哪些宝贝呢？

航天员从事的载人航天，是一项危险与光荣相伴的职业。航天员在完成飞行任务的过程中随时可能会遇到意料之外的险情。当载人飞船应急返回着陆地面或降落海上后，航天员可能遇到各种恶劣的自然环境和危险情况。救生包里的物品，就是当航天员遇到紧急情况时用于救生的物品。

为了保障航天员的生存、联络和自卫，在航天员个人救生包内备有各种自然环境下使用的25种救生物品。每名航天员装备1套，全部救生物品每套装备总重为24.5千克。由于载人飞船返回时地点不确定，航天员的救生必须满足"全球性"的要求，所以救生包中装备有下列4种功能的物品：

一是求救信号联络物品。包括远距离个人呼救电台、GPS定位仪、近距离信号枪及信号弹、闪光标位器、太阳反光镜、光烟信号管和海水染色剂。

图 5.17 航天员水上求生训练

二是医疗救护用品。包括急救药包、蛇伤自救盒和蚊虫驱避剂。

三是生存物品。包括救生食品、救生饮用水、食盐、救生船、渔具、驱鲨鱼剂、抗浸防寒漂浮装备、指北针、

图 5.18　TP-82 型手枪是俄罗斯航天员必配的装备

抗风火柴、防尘太阳镜、引火物、救生手册和救生包体。

四是防御自卫用品。包括生存刀、自卫手枪及子弹。

救生包给航天员提供了自救的条件，而自救的关键是航天员要充满信心。航天员在任何时候、任何条件下都要保持乐观的情绪，要从心底里打消沮丧的念头，要有战胜一切困难的勇气和自信心，要想着团队一定会把自己营救出去。

- -

适应地球

由于太空环境的影响，特别是微重力或零重力环境的影响，航天员从太空返回后，可能会面临平衡失调、心血管功能紊乱、肌肉萎缩等方面的问题，需要重新适应地面重力环境才能站稳。

在短期的飞行中，航天员可能出现定向反应变差、空间错觉、运动协调障碍、空间运动病等症状。而长期飞行中，还会出现肌肉萎缩、骨质疏松、免疫力下降、水和电解质代谢紊乱等"航天病"。在航天飞行后的体检中发现，绝大多数航天员的体重减轻了 2~3 千克。航天医学研究证明，体重减轻的主要原因是体内水分的丧失，其次是肌肉萎缩。

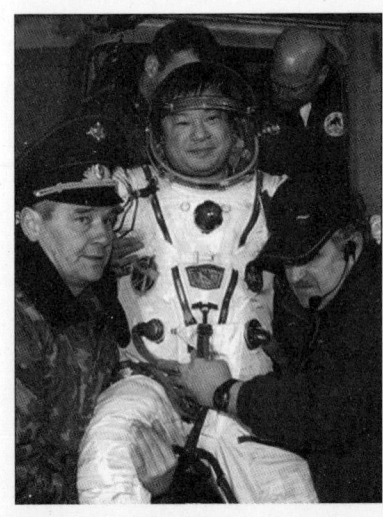

图 5.19　载人飞船从太空返回地球着陆后，航天员被抬着出舱。图中身穿航天服的是美国华裔航天员焦立中（组图）

　　而人的机体在太空会进行自我调节，当人体逐渐适应失重环境，达到一种新的状态后，航天员返回地面时又会出现对地面重力环境的不适应。一些在航天飞行初期出现的反应又会出现，如立位耐力降低、生理系统的运动病症状、错觉和协调障碍等。所以，经常见到国外航天员返回地面后站立困难，躺着被人抬出舱的情景。不过只要在医监医保医生的帮助下，慢慢调养一段时间，辅以运动，身体就会很快恢复的。

出舱航天器一览

　　航天员要进入太空，实现太空出舱，航天器是必不可少的。而几十年来，航天员也从各种各样的航天器中进行了太空出舱，包括载人飞船、航天飞机、空间站，而这些航天器的发展也是非常迅速的，每一种航天器都经过了好几代的发展。下面我们就来认识一下这些航天器："上升号""联盟号""双子星座号""阿波罗号"飞船，"天空实验室""礼炮号""和平号"空间站，国际空间站，航天飞机……

　　载人航天器的发展一般可以划分为3个阶段：第一个阶段以载人飞船为主，第二个阶段则是空间站占主角，第三个阶段主要是

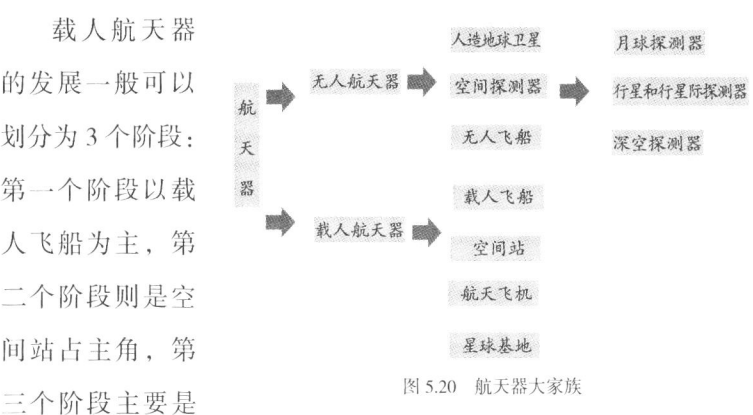

图 5.20　航天器大家族

指航天飞机时代。我们只能大致地这样区分一下各个时期的不同侧重，其实在这几十年的发展中，这三者是互为补充的。

载人飞船

最先进入人们视野的载人航天器就是载人飞船。关于载人飞船，苏联和美国都曾花费大量的人力、财力和物力进行开发和研制。最终，俄罗斯（苏联）研制了3个系列飞船："东方号""上升号"和"联盟号"系列；美国也是3个系列："水星号""双子星座号"和"阿波罗号"系列。其中，涉及航天员出舱的有"上升号""联盟号""双子星座号"和"阿波罗号"。

"上升号"飞船

简介

"上升号"载人飞船重 5.32 吨，球形乘员舱直径与"东方号"飞船大体相同，改进之处是提高了舱体的密封性和可靠性。航天员

图 5.21 "上升号"飞船

在座舱内可以不穿航天服，返回时不再采用弹射方式，而是随乘员舱一起软着陆。"上升 1 号"载 3 名航天员，在太空飞行 24 小时 17 分钟；"上升 2 号"载两名航天员，在太空飞行 26 小时 2 分钟。其中"上升 2 号"飞船装有一个展开式气闸舱，航天员正是从这里出舱走进太空的。

"上升号"载人飞船的具体任务

"上升号"飞船一共进行了两次

发射。1964 年 10 月 12日发射的"上升 1 号"飞船在轨道上飞行了 24 小时 17 分钟，3 位航天员完全处于自由状态，不管工作、饮食、休息，都不扎上皮带，以充分体验失重状态对人体机

图 5.22　在"上升号"飞船中的列昂诺夫和别列亚耶夫

能的影响。1965 年 3 月 18 日发射的"上升 2 号"宇宙飞船中 2 名航天员中的一位，穿上了特制的航天服，在宇宙空间自由飘动，最远飘离飞船 5 米。对于"东方号"和"上升号"飞船的上天，苏联的舆论工具曾做了大量的宣传，充分赞扬了苏联宇航方面的成就。

　　1964 年 10 月 12 日，"上升 1 号"准时发射，在环绕地球的轨道上飞行了 17 圈。在飞行中，航天员按照惯例用无线电电话和在黑海别墅的赫鲁晓夫通了话，但整个飞行没有获得任何具有科学价值的成果。10 月 13 日，飞船安全返回地面。

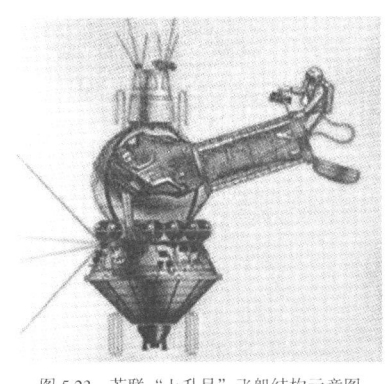

图 5.23　苏联"上升号"飞船结构示意图

　　"上升 2 号"飞船的飞行，也是美苏太空竞赛的一种表现方式。苏联早就得到消息，美国"双子星座"宇宙飞船上的航天员要进行"行走"，后来更得到了确切的发射日期——1965 年 3 月 23 日。为了抢时间，赶在美国前面实现航天员

宇宙"行走"，苏联于 3 月 18 日发射了"上升 2 号"飞船，再一次获得了一个"第一"。美国航天员到宇宙中"行走"，计划是降低座舱压力，打开舱口出入的。苏联采用了一个简便办法，在舱口安装了一个轻便的出入管道。进入宇宙的航天员先进入这个管道，由另一名航天员从后面封闭管道口，然后那位航天员就能打开舱口进入宇宙。

"上升号"载人飞船的历史背景

1963 年底，一家美国刊物透露，美国将在 1964 年春进行两次不载人的发射——"双子星座"飞船和"阿波罗"飞船。这使苏联总理兼党的第一书记赫鲁晓夫感到着急，于是命令苏联宇宙飞船总设计师科罗廖夫在下一个革命节，即 1964 年 11 月 7 日前把 3 位航天员同时送上天，压倒美国。这使科罗廖夫大感为难：设计新飞船时间上来不及，仍用"东方号"又容不下 3 名航天员，最后的解决办法只能是"冒险"，在"东方号"的基础上改装。原先的 1 张座椅改为 3 张，并排放不下，改为三角形置放。由于运载火箭的最大载荷不超过 5300 千克，苏联进口了新的无线电设备和仪器，取代原先"东方号"上笨重的设备。为把重量降到最小限度，科学家们将不必要的螺栓

图 5.24　美苏争霸

等拆卸下来，尽力减轻每一克多余的重量。最后连3位航天员的食物也只局限于水果、蔬菜和肉类这些"实实在在"的东西，这才终于过了"重量关"。与此同时，苏联科学家还解决了航天员的着陆问题。"上升号"舱内挤了3名航天员后当然不能再使用弹射坐椅，熔接密封的座舱决定了他们必须和飞船一起着陆。经过反复试验，最后制出了用卡普隆合成材料做成的降落伞，这种降落伞能使飞船座舱整个地安全着陆。

链接：赫鲁晓夫与"上升号"载人飞船

宇宙飞船是苏联人的骄傲。按照计划，"上升号"航天员将实现人类历史上的第一次太空行走。当这个刻满政治符号的航天怪物，在发射架里腾空而起的时候，全世界都屏住了呼吸。谁也没想到，赫鲁晓夫会选择在这样一个激动人心的时刻，作为他最后一次公开露面，并彻底告别了政治生涯。

"上升号"宇宙飞船带着苏联人的历史期盼顺利升空。在飞行途中，赫鲁晓夫再一次用无线电话与航天员通话。通话结束时，他说了一句很奇怪的话："我要将麦克风交给米高扬同志了，他干脆是从我手中抢走的，我想我不能制止他。"航天员似乎没有理解他的处境，向地面回话："没有关系，赫鲁晓夫同志，您在地球上等着我们，我们一定会再见的。"

"上升号"宇宙飞船绕地球航行了17圈，完成了太空行走，并于7天后顺利返回基地。在热烈的欢迎仪式中，他们的党和国家领导人赫鲁晓夫却缺席了。此时，他待在克里姆林宫的某个角落里，痛苦地陷入了沉思。从此，赫鲁晓夫退出了苏联的政治舞台。

"联盟号"飞船

简介

"联盟号"是苏联研制的第三代载人飞船的名字，与之相对应的载人航天计划称为"联盟"计划。

"联盟号"飞船是苏联在积累了多年经验之后，所开发出来的一种最成熟的载人航天器。由"联盟号"飞船衍生出的其他航天器包括："联盟"T，这是"联盟号"的直接升级物和替代品；"联盟"TM，相对"联盟"T进行了更多的改进，是俄罗斯航天部门现在所拥有的一种重要载人航天器，也是可向国际空间站输送航天员的仅有的两种工具之一（另一种是美国的航天飞机）。其他衍生物包括"进步号"货运飞船，这是一种设计得十分成功的无人货物运输飞船，在维持"和平号"空间站和国际空间站的正常运转中发挥了巨大的作用。

图 5.25 "联盟号"飞船

"联盟号"宇宙飞船是一种多座位（可容纳3人）飞船，内有一个指挥舱和一个供科学实验及航天员休息的舱房。"联盟号"第一次发射是在1967年4月23日，飞行目的是演练这种新的宇宙飞船各个系统的工作情况。不幸的是它酿成了一场悲剧。

"联盟1号"——出师未捷身先死

1967 年 4 月 3 日，苏联第一艘载人的"联盟号"飞船顺利发射，而且完成了第 13 圈的轨道飞行，飞船航天员向地面报告工作顺利。在飞到第 18 圈时，操纵和稳

图5.26 "联盟1号"飞船失事

定飞船明显发生了困难，即在从地面起飞 26 小时 45 分钟后，航天员开始做再入大气层的定向操纵和启动反推火箭的时候，事故发生了……当飞船以每小时 644 千米的速度撞到地面坠毁，航天员弗拉基米尔·科马罗夫上校当即死亡。

"联盟3～8号"——建立空间站的早期尝试

"联盟1号"失事使苏联的载人航天推迟了 18 个月，直到 1968 年 10 月 26 日苏联才发射了一艘新的"联盟号"飞船。"联盟 3 号"宇宙飞船由航天员别列戈沃伊驾驶在轨道上飞行了 4 个昼夜，然后平安返回地球。在这次飞行中，别列戈沃伊取得的最大成绩是在空

图5.27 "联盟4号"飞船同"联盟5号"飞船的惊天对接

图5.28 太空中的"联盟号"飞船

间轨道，试图和一架无人驾驶的"联盟 2 号"飞船对接。别列戈沃伊让他的飞船和"联盟 2 号"自动接近到相距 200 米处，然后改用手动操纵系统，使两个飞船靠近到仅数米的距离。苏联的第一次飞船对接是在 1969 年 1 月完成的。弗拉基米尔·沙塔洛夫驾驶的"联盟 4 号"飞船同"联盟 5 号"飞船实行了靠近和对接。"联盟 5 号"上的航天员阿列克谢·叶利谢耶夫和叶夫根尼·赫鲁诺夫穿上航天服进入了"联盟 4 号"。

1969 年 10 月 11 日——13 日，苏联接连 3 天发射了"联盟 6 号""联盟 7 号"和"联盟 8 号"3 艘飞船，在轨道上进行了广泛的科学考察，其中包括在真空和失重情况下进行金属焊接的操作试验。此外，这 3 艘飞船还实行了协调动作的编队飞行。这 3 艘飞船的发射倾角是一样的，这表明它们是从同一个地点接连 3 天发射的，这在当时，是在空间技术方面的一个重大突破。苏联频繁发射"联盟号"宇宙飞船时，正是美国实现"阿波罗"登月计划的时候。

图 5.29 "联盟号"载人飞船

可以明显感到，苏联致力于建立太空实验站的试验，太空站的问世已为期不远了。

"联盟 10~11 号"——进入太空站

"联盟 10 号"所承担的主要任务就是实现与已经发射成功的"礼炮 1 号"空间站的对接。1971 年 4 月 23 日下午莫斯科时间 2 点 54 分，载有 3 名航天员的"联盟 10 号"飞船点火升空。进入太空轨道后，4 月 24 日莫斯科时间 4 点 47 分，"联盟 10 号" 和 "礼炮 1 号" 实行了对接。连成一体的 "礼炮 - 联盟" 共同飞行了 5 个半小时，在完成预定任务后，"联盟 10 号" 于 4 月 25 日返回地面。这次对接试

图 5.30 "联盟号" 飞船发射升空

验的成功，是苏联在建立太空站这条道路上迈出的关键一步。

　　时隔不久，1971 年 6 月 6 日莫斯科时间 7 点 55 分，苏联又发射了 "联盟 11 号" 宇宙飞船，并在轨道上与 "礼炮 1 号" 对接成功。第二天，"联盟 11 号" 飞船上的 3 名航天员于莫斯科时间 10 点 45 分进入 "礼炮号" 太空站的舱室，使之成为世界上第一个有人居住的太空站。

链接：3 名航天员的 "离奇" 死亡

　　当 "联盟 11 号" 飞船结束考察奉命脱离 "礼炮号" 空间站返回地面后，人们打开舱盖时简直大吃一惊：3 名航天员都安详地死在自己的座位上，死前却一点征兆都没有。他们是：指令长格奥尔基·多勃罗沃利斯基中校、航天员弗拉基斯拉夫·沃尔科夫和维克多·帕查耶夫。

　　3 名航天员去世的前一天——6 月 29 日，"礼炮 - 联盟"

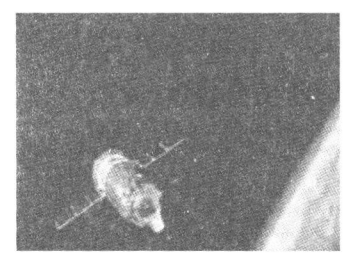

图 5.31 在太空中飞行的 "联盟号" 飞船

图 5.32 医生们在对"联盟 11 号"乘组进行急救

的一切工作依然严格按程序进行。他们在和地面飞行控制中心的无线电通信中，报告了他们的考察情况，并说"全体航天员自我感觉良好"。在接到返回地面的着陆指令后，"联盟 11 号"和太空站顺利脱开，单独飞行。此时飞船上的所有系统仍然一切正常。

1971 年 6 月 30 日凌晨 1 点 35 分，"联盟 11 号"飞船的制动发动机开始工作，然而当它工作结束后，地面控制中心与航天员的联系突然中断了。

据苏联《劳动报》报道：在哈萨克斯坦的上空，飞机和直升飞机迎接了宇宙飞船。飞船实行了软着陆。一架直升飞机降落在它旁边，接着另一架直飞升机也降落在它旁边。还没等旋翼停稳，医生就跳到了陆地上，向飞船跑去。打开了舱口盖，舱内有 3 名航天员，他们坐在自己的工作位置上。这里整齐地放着收集到的许多实验资料、电影胶卷、磁带、航行日志、装有生物标本的容器，很难想象多勃罗沃利斯基、沃尔科夫和帕查耶夫已经死去了。

按照惯例，苏联对这起事故派出了调查组。7 月 12 日，塔斯社发表了政府调查委员会的正式公告。根据这份公告，3 名航天员的死因是清清楚楚的："座舱密封出了问题，气压突然下降，航天员因缺氧，体内血压致命地升高，血液突然冲入大脑，引起血栓而死亡。"但西方舆论对造成座舱未密封的原因则做了种种猜测和推断。

"双子星座号"飞船

简介

"双子星座号"飞船是美国载人飞船系列，从 1965 年 3 月到

图 5.33　在太空中飞行的"双子星座号"飞船　　图 5.34　美国"双子星座号"飞船结构示意图

1966 年 11 月共进行了 10 次载人飞行。主要目的是在轨道上进行机动飞行、交会、对接和航天员试做舱外活动等，为"阿波罗号"飞船载人登月飞行做技术准备。

"双子星座号"飞船重 3.2 ~ 3.8 吨，最大直径 3 米，由座舱和设备舱两个舱段组成。座舱分为密封和非密封两部分。密封舱内安装显示仪表、控制设备、废物处理装置和供 2 名航天员乘坐的两把弹射坐椅，还带有食物和水。无线电设备、生命保障系统和降落伞等安装在非密封舱内。座舱前端还有交会用的雷达和对接装置，座舱底部覆盖再入防热材料。设备舱分上舱和下舱。上舱中主要安装 4 台制动发动机。下舱中有轨道机动发动机及其燃料、轨道通信设备、燃料电池等。设备舱内壁还有许多流动冷却液的管子，因此设备舱又是个空间热辐射器。飞船在返回以前先抛弃设备舱下舱，然后点燃 4 台制动火箭，再抛掉设备舱上舱，座舱再入大气层，下降到低空时打开降落伞，航天员与座舱一起在海面上溅落。

"双子星座"计划

"双子星座"计划（1961—1966 年）共进行过 2 次不载人飞行和 10 次载人飞行。"双子星座"计划的任务是为美国的登月计划做

图 5.35　1966 年 11 月，美国"双子星座 12 号"航天员艾德温·奥尔德林在机舱外执行任务

技术准备，发展轨道交会、对接、机动变轨和舱外活动能力，并研究人在失重条件下的耐受限度。"双子星座"飞船由再入舱和对接舱构成，飞船的形状呈长圆锥形，像一口钟，里面可容纳 2 名航天员，人在太空中可停留 4 小时至 14 天，美国航天员在"双子星座"计划中第一次进行了出舱活动和首次完成了会合和对接的特技飞行。在"双子星座"飞行中进行了一些生物医学的研究，证明失重对心血管、血液、肌肉、骨骼系统都有影响，但不是致命的，因此可以进行更长时间的飞行。

"双子星座"计划的作用

1965—1966 年发射了 10 艘"双子星座"飞船，各载 2 名航天员，进行医学、生物学研究，操纵飞船机动飞行、对接和舱外活动训练。在这期间，不但实现了美国的第一次太空行走和第一次空间交会

图 5.36　1965 年 6 月 4 日，美国航天员怀特乘坐"双子星座号"飞船飞入太空，并实现了美国历史上的第一次太空行走

对接，更主要的是为"阿波罗"登月计划做了大量的前期准备工作，为"阿波罗"的成功访月提供了有利条件和经验。

"阿波罗号" 系列飞船

简介

"阿波罗号" 飞船由指挥舱、服务舱和登月舱 3 个部分组成。

①指挥舱——航天员在飞行中生活和工作的座舱，也是全飞船的控制中心。指挥舱为圆锥形，高 3.2 米，重约 6 吨。指挥舱分前舱、航天员舱和后舱 3 部分。前舱内放置着陆部件、回收设备和姿态控制发动机等。航天员舱为密封舱，存有供航天员生活 14 天的必需品和救生设备。后舱内装有 10 台姿态控制发动机、各种仪器和贮箱，还有姿态控制、制导导航系统以及船载计算机和无线电分系统等。

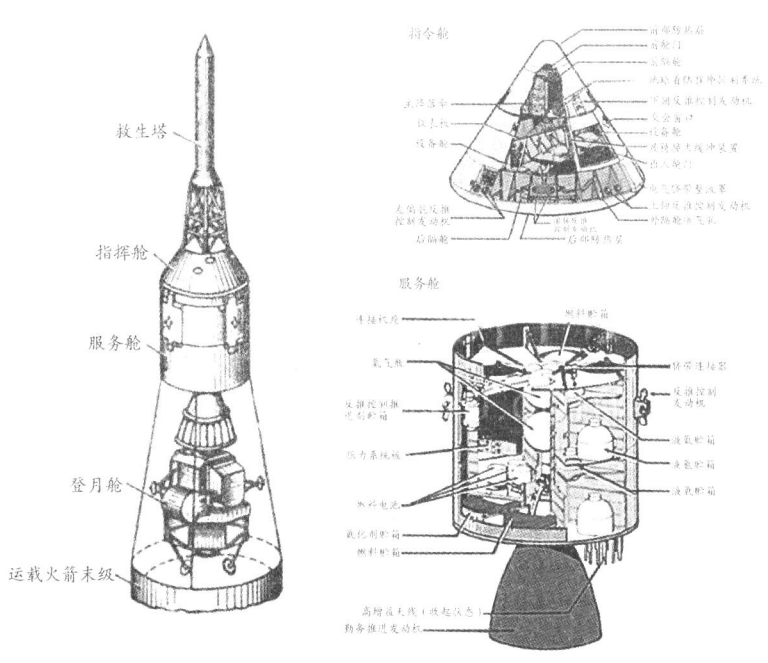

图 5.37 "阿波罗号" 飞船结构示意图　　图 5.38 "阿波罗" 飞船指挥舱和服务舱结构示意图

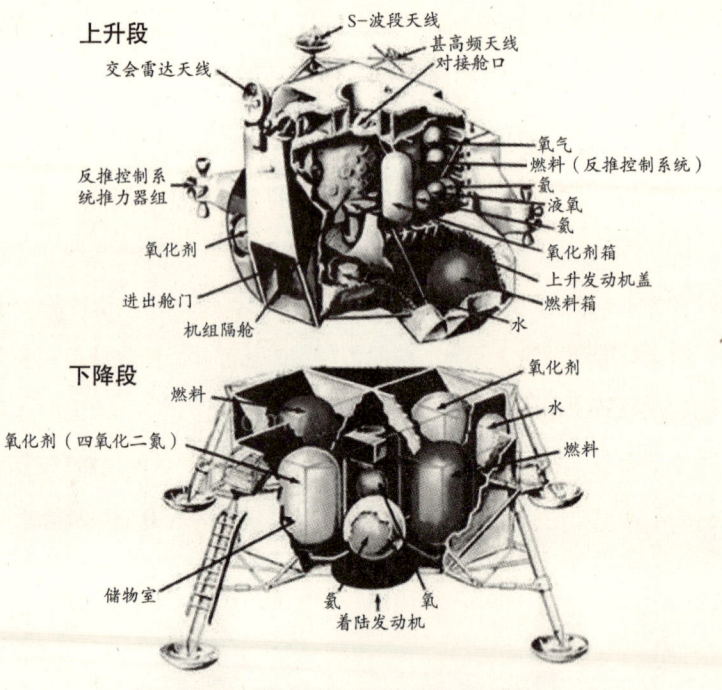

图 5.39 "阿波罗号"飞船登月舱结构示意图

上升段

交会雷达天线
S-波段天线
甚高频天线
对接舱口
反推控制系统推力器组
氧化剂
进出舱门
机组隔舱
氧气
燃料（反推控制系统）
氦
液氧
氦
氧化剂箱
上升发动机盖
燃料箱
水

下降段

燃料
氧化剂（四氧化二氮）
氧化剂
水
燃料
储物室
氦　氧
着陆发动机

②服务舱——前端与指挥舱对接，后端有推进系统主发动机喷管。舱体为圆筒形，高 6.7 米，直径 4 米，重约 25 吨。主发动机用于轨道转移和变轨机动。姿态控制系统由 16 台火箭发动机组成，它们还用于飞船与第三级火箭分离、登月舱与指挥舱对接和指挥舱与服务舱分离等。

③登月舱——由下降级和上升级组成，地面起飞时重 14.7 吨，宽 4.3 米，最大高度约 7 米。下降级由着陆发动机、4 条着陆腿和 4 个仪器舱组成；上升级为登月舱主体，航天员完成月面活动后驾驶上升级返回环月轨道与指挥舱会合，上升级由航天员座舱、返回发动机、推进剂贮箱、仪器舱和控制系统组成，其中航天员座舱可容

纳 2 名航天员 (但无坐椅)，有导航、控制、通信、生命保障和电源等设备。

登月飞行

"阿波罗 11 号"飞船于 1969 年 7 月 20 日首次实现人登上月球的理想。此后，美国又相继 6 次发射"阿波罗号"飞船，其中 5 次成功，总共有 12 名航天员登上月球。

图 5.40　从左至右依次为：尼尔·阿姆斯特朗、迈克尔·柯林斯和艾得温·奥尔德林

1969 年 7 月 16 日由"土星 5 号"火箭运载"阿波罗 11 号"飞船升空。第三级火箭熄火时将飞船送至环绕地球运行的低高度停泊轨道。第三级火箭第二次点火加速，将飞船送入地 – 月过渡轨道。飞船与第三级火箭分离，飞船沿过渡轨道飞行两天半后开始接近月球，由服务舱的主发动机减速，使飞船进入环月轨道。航天员阿姆斯特朗和奥尔德林进入登月舱，

图 5.41　太空中飞行的"阿波罗号"飞船

图 5.42　航天员从登月舱中走出，踏上月球表面

图 5.43　美国为纪念"阿波罗"登月特意发行的邮票

图 5.44　"阿波罗"徽章

驾驶登月舱与母船分离，下降至月面实现软着陆。另一名航天员柯林斯仍留在指挥舱内，继续沿环月轨道飞行。登月航天员在月面上展开太阳电池阵，安装月震仪和激光反射器，采集月球岩石和土壤样品 22 千克，然后驾驶登月舱的上升级返回环月轨道，与母船会合对接，随即抛弃登月舱，启动服务舱主发动机使飞船加速，进入月 - 地过渡轨道。在接近地球时飞船进入再入走廊，抛掉服务舱，使指挥舱的圆拱形底朝前，在强大的气动力作用下减速。进入低空时指挥舱弹出 3 个降落伞，进一步降低下降速度。"阿波罗 11 号"飞船指挥舱于 7 月 24 日在太平洋夏威夷西南海面溅落。

1969 年 11 月至 1972 年 12 月，美国相继发射了"阿波罗 12、13、14、15、16、17 号"飞船，其中除"阿波罗 13 号"因服务舱液氧箱爆炸中止登月任务 (2 名航天员驾驶飞船安全返回地面) 外，其他 12 名航天员均登月成功。

"阿波罗"家族

"阿波罗号"系列飞船一共有 17 艘，也就是说在"阿波罗"这个大家庭里一共有 17 个"子女"。当然在这 17 个"子女"中并不是每一个都登上了月球。就像一个和睦团结的大家庭一样，它们之间也有着不同的分工和协作，正是因为这样，才有了登月的成功。

1966—1968 年共进行了 6 次不载人飞行试验，这就是"阿波罗 1~6 号"飞船。它们的主要任务就是在近地轨道上鉴定飞船的指挥舱、服务舱和登月舱，考验登月舱的动力装置。

1968—1969 年又发射了"阿波罗 7、8、9 号"飞船。这几次是进行载人飞行试验，主要做环绕地球、月球飞行和登月舱脱离环月轨道的降落模拟试验、轨道机动飞行和模拟会合、模拟登月舱与指挥舱的分离和对接，并且按登月所需时间进行了持续 11 天的飞行，检验飞船的可靠性。

1969 年 5 月 18 日发射的"阿波罗 10 号"飞船进行了登月全过程的演练飞行，绕月飞行 31 圈，2 名航天员乘登月舱下降到离月面15.2 千米的高度。

到"阿波罗 11 号"时，就是大家最熟悉不过的了，因为它第一次把人类带上了月球。此后，美国又相继发射了"阿波罗 12、13、14、15、16、17 号"飞船，其中除 13 号因服务舱液氧箱爆炸中止

图5.45 从左至右依次为："阿波罗 9 号""10 号""11 号"和"14 号"

登月任务外，其他全部实现了登月的宏伟计划。除此之外，它们还是"天空实验室"的运输飞船，曾先后3次为"天空实验室"输送货物。尤其值得一提的是，它还与当时苏联的"礼炮号"空间站有过一次空间对接。

看到这里，我们不禁要感叹，"阿波罗"真的是一个伟大的家族，哺育了这么多的英雄儿女，正是因为它们，才圆了人类几千年的梦想和渴望。

"天空实验室"

结 构

"天空实验室"是美国唯一一个试验性空间站。它全长36米，直径6.7米，重82吨，共由5部分组成：

①轨道工场，俗称轨道舱。空间站的最大部分，这是一个"二层小楼"，下层供航天员睡觉、准备食品、吃饭、整理个人卫生、处理废物，并进行一些实验工作，上层有一个大工作区和贮水箱、贮放食物箱、冷冻箱以及实验设备、用品。轨道工场外面有一个薄的铝制防护罩，发射时这个罩紧贴在轨道工场上，到大气层外自动张开，防护罩距轨道工场127毫米，它遮挡阳光使舱内保护合适的温度，并可防止微流星碰撞。

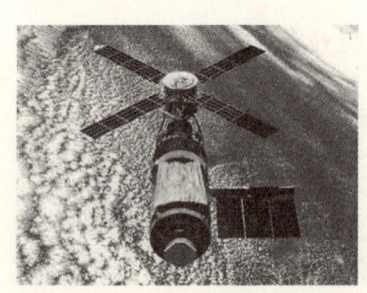

图5.46 "天空实验室"全景图

②过渡舱，航天员进行舱外

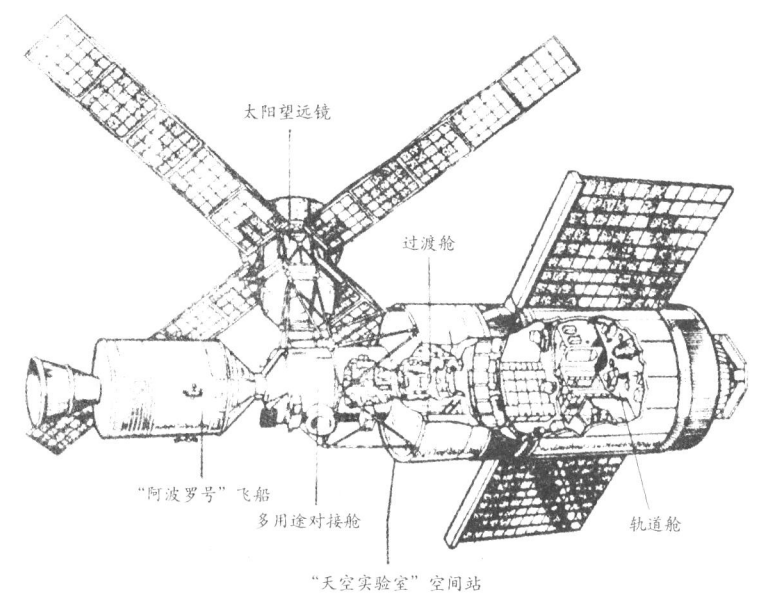

太阳望远镜

过渡舱

"阿波罗号"飞船

多用途对接舱

"天空实验室"空间站

轨道舱

图 5.47 "天空实验室"结构示意图

活动的进出口。

③对接接合器,提供与指令服务舱对接的接口。

④太阳观测台,可载人的天文观测台。

⑤指令服务舱,即"阿波罗"飞船的指令服务舱。

美国的试验型空间站

"天空实验室"于1973年5月14日在美国肯尼迪宇宙中心发射,它是人类迄今向近地轨道发射的人造天体中重量和容量最大而又最复杂的一个。"天空实验室"是通过两次发射对接而成的。先是将运载火箭把在地面装配好工作舱、过渡舱、对接舱和太阳能望远镜送入轨道,随后再用动载火箭把乘有3名航天员的"阿波罗"

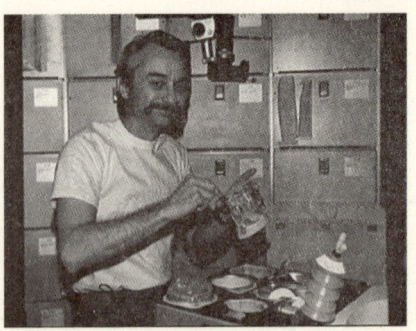

图 5.48　美国的试验型空间站——"天空实验室"　　　　　图 5.49　天空实验室储藏食物的舱

飞船送入轨道，使飞船和对接船对接，组成完整的实验室。工作舱是"天空实验室"的基本部位，是航天员主要的工作和生活舱室。舱内设有实验室的基本部位，是航天员主要的工作和生活舱室。舱内设有环境控制系统，它能给航天员提供舒适的环境，保持室温为 15.6℃～20℃。太阳能望远镜是"天空实验室"上的一个天文台，可以拍摄太阳的紫外光线和 X 射线等，获得精细的日冕照片。在"天空实验室"里有作业室兼实验室、食堂、寝室和厕所等。

1979 年 7 月 11 日，地面操作人员向"天空实验室"发出最后一次指令，使它安全地飞过北美大陆上空人口稠密地区，然后返回地球。"天空实验室"接到指令后，便像一条火龙划破长空，穿过大气层，最后化成无数碎片，坠落在澳大利亚西部地区和南印度洋。至此，它在宇宙空间运行了 2246 天，绕地球 3.4981 万圈，航程达 14 亿多千米。

设　施

为发挥航天站长期居住的优势，"天空实验室"的生活设施考虑得极为周全。与以往狭窄的飞船相比，具有 368 立方米容积的"天空实验室"的生活要舒适得多。它有 11 个食品贮藏器和 5 个食品冷冻器，可贮藏 907 千克食品，不同种类的冷热食品分装在金属盒内。另外，卫生设施大为改善，有沐浴露、香皂、毛巾和大小便袋等。

空间站

人类并不满足于在太空作短暂的旅游，为了开发太空，需要建立长期生活和工作的基地。于是，随着航天技术的进步，在太空建立新居所的条件成熟了。

空间站是一种在近地轨道长时间运行，可供多名航天员在其中生活工作和巡访的载人航天器。小型的空间站可一次发射完成，较大型的可分批发射组件，在太空中组装成为整体。在空间站中要有人能够生活的一切设施，不再返回地球。

空间站的结构与组成

空间站的结构特点是体积比较大、在轨道飞行时间较长，有多种功能，能开展的太空科研项目也多而广。空间站的基本组成是以

图 5.50　国际空间站

图 5.51　苏联"和平号"空间站全貌

一个载人生活舱为主体，再加上不同用途的舱段，如工作实验舱、科学仪器舱等。空间站外部必须装有太阳能电池板和对接舱口，以保证站内电能供应和实现与其他航天器的对接。

空间站的特点

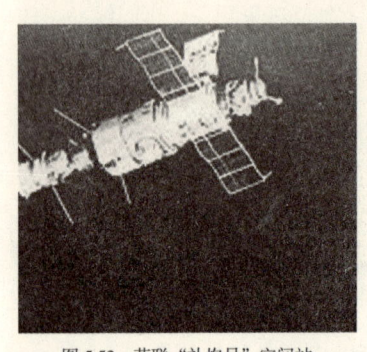

图 5.52　苏联"礼炮号"空间站

除了上面所说的体积比较大之外，空间站的另外一个特点就是经济性。例如，空间站在太空接纳航天员进行实验，可以使载人飞船成为只运送航天员的工具，从而简化了载人飞船内部的结构，同时也减少它在太空飞行时所需要的物质，使重量大大减轻。这样既能降低其工程设计难度，又可减少航天费用。

另外，空间站在运行时可载人，也可不载人，只要航天员启动并调试后它就可照常进行工作，定时检查，到时就能取得成果。这样能缩短航天员在太空的时间，减少许多消费。当空间站发生故障时可以在太空中维修、换件，延长航天器的寿命，从而减少航天费用。因为空间站能长期（数个月或数年）的飞行，所以保证了太空科研工作的连续性和深入性，这对研究的逐步深化和提高科研质量有重要作用。

空间站的历史

到目前为止，全世界已发射了 10 个空间站。

苏联是首先发射载人空间站的国家。其"礼炮 1 号"空间站在1971 年 4 月发射，后在太空与"联盟号"飞船对接成功，有 3 名航天员进入站内生活工作

图 5.53　目前世界上最大的空间站——国际空间站

近 24 天，完成了大量的科学实验项目，但这 3 名航天员乘"联盟11 号"飞船返回地球过程中，由于座舱漏气减压，不幸全部遇难。"礼炮 2 号"发射到太空后由于自行解体而失败。苏联发射的"礼炮 3、4、5 号"小型空间站均获成功，航天员进入站内工作，完成了多项科学实验。以上所发射的空间站都只有一个对接口，而且有人运行的时间也较短，属于第一代空间站。"礼炮 6、7 号"空间站相对大些，为第二代空间站。它们各有两个对接口，可同时与两艘飞船对接，有人运行的时间也由此大大延长。航天员在站上先后创造过 210 天和 237 天长期生活记录，还创造了首位女航天员出舱作业的记录。苏联的第一代和第二代"空间站"都属于实验性空间站，主要是为了后续的长期性空间站的建立做技术支持和准备。

美国的"天空实验室"也是一种试验性的空间站，它虽然容积很大，有效载荷也很多，但它却只有一个对接口，而且有人运行的时间也不是很长，最长的只有 84 天。它是 1973 年 5 月 14 日，美国在肯尼迪宇宙中心发射的第一个轨道空间实验室。在"天空实验室"之后，苏联又于 1986 年 2 月 20 日发射入轨的"和平号"空间站并对接成功，成为世界上第 9 个空间站。最后一个就是现在运营和组

装中的，由多个国家共同参与建造的国际空间站了。相对于"礼炮号"空间站和"天空实验室"来说，"和平号"空间站和国际空间站的有人运行时间大大延长，是名副其实的长期性空间站。

各国的空间站

"礼炮号"空间站

"礼炮号"空间站是苏联发射的低轨道载人系列航天站。1971年4月19日，苏联发射了第一座空间站"礼炮1号"，从此载人太空飞行进入一个新的阶段。"礼炮1号"空间站由轨道舱、服务舱和对接舱组成，呈不规则的圆柱形，总长约12.5米，最大直径4米，总重约18.5吨。它在约200多千米高的轨道上运行，站上装有各种试验设备，照相摄影设备和科学实验设备。与"联盟号"载人飞船对接组成居住舱，容积100立方米，可住3名航天员。"礼炮1号"空间站在太空运行6个月，相继与"联盟10号""联盟11号"两艘飞船对接组成轨道联合体，每艘飞船各载3名航天员，共在空间站上停留26天。"礼炮1号"完成使命后于同年10月11日在太平洋上空坠毁。

图5.54 "礼炮1号"空间站

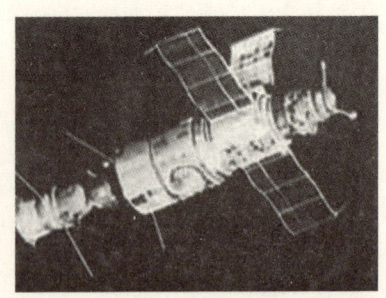

图5.55 在空间轨道中运行的"礼炮号"空间站

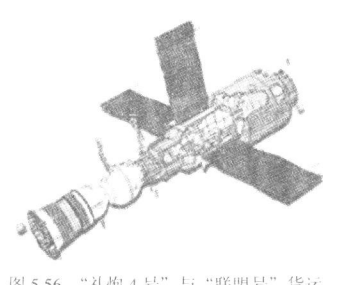

图 5.56 "礼炮 4 号"与"联盟号"货运
飞船对接示意图

图 5.57 苏联"礼炮 7 号"和"联盟号"轨道联
合体

　　自 1971 年 4 月 19 日至 1982 年 4 月 11 日，苏联一共发射了 7
座"礼炮号"空间站。

　　其中"礼炮 1 ~ 5 号"为第一代，与"联盟号"宇宙飞船对接，
组成"礼炮 - 联盟"航天复合体，前 5 座只有一个对接口，即只
能与一艘飞船对接飞行。因站上携带的食品、氧气、燃料等储备有
限，在太空寿命都不长。

　　经过改进的"礼炮 6 号"和"7 号"空间站为第二代，增加了
一个对接口，除接待"联盟号"载人飞船外，还可与"进步号"货
运飞船对接，用以补给航天员生活所需，
上述三者组成航天复合体，是从事宇宙
物理、地球大气现象、医学 - 生物学、
地球资源调查等各种科学研究和工艺试
验的航天实验室。1977 年 9 月 29 日发
射上天的"礼炮 6 号"空间站，在太空
飞行近 5 年，共接待 18 艘"联盟号"和
"联盟 T 号"载人飞船，有 16 批 33 名
航天员到站上工作，累计载人飞行 176

图 5.58　萨维茨卡娅

天。其中 1980 年航天员波波夫和柳明创造了在空间站飞行 185 天的记录。1982 年 4 月 19 日"礼炮 7 号"空间站进入轨道飞行，接待了"联盟 T 号"飞船第十一批的 28 名航天员，其中包括第一位进行太空行走的女航天员萨维茨卡娅。特别是 1984 年，基齐姆、索洛维约夫和阿季科夫 3 名航天员在空间站创造了 237 天的飞行记录。"礼炮 7 号"空间站载人飞行累计达 800 多天，直到 1986 年 8 月才停止载人飞行。

"和平号"空间站

"和平号"是俄罗斯 / 苏联的第三代空间站，亦为世界上第一个长久性空间站（设计成在轨多模块组装，站上长期有人工作）。它自发射后除 3 次短期无人外，站上一直有航天员生活和工作。"和平号"核心舱于 1986 年 2 月 20 日发射，它提供基本的服务、航天员

图 5.59 "和平号"空间站

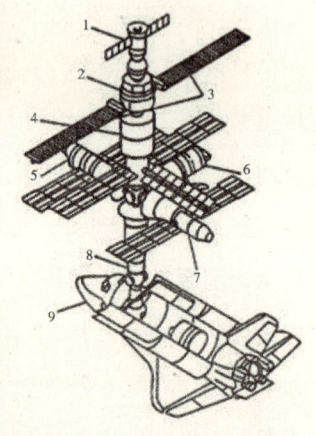

图 5.60 "和平号"空间站的最终组成和对接图示：1. "联盟 TM"飞船；2. 天文物理舱；3. 太阳电池帆；4. 核心舱；5. 光谱舱；6. 自然舱；7. 服务舱；8. 晶体舱；9. "暴风雪号"航天飞机

居住、生命保障、电力和科学研究能力。"联盟-TM"载人飞船为"和平号"接送航天员,"进步-M"货运飞船则为"和平号"运货。

图 5.61 "和平号"空间站太空全貌

"和平号"核心舱共有 6 个对接口,可同时与多个舱段对接。到 1990 年,苏联又为"和平号"核心舱增加了 3 个对接舱。苏联解体后,俄罗斯自 1995 年起发射了 3 个舱,先后与"和平号"对接,至此"和平号"在轨组装完毕。全部装成的"和平号"空间站全长 87 米,质量达 123 吨(若与航天飞机对接则达 223 吨),有效容积为 470 立方米。

"和平号"空间站原设计寿命 5 年,到 1999 年它已在轨工作了 12 年多,除俄罗斯的航天员外,还接待了其他国家和组织的航天员,他们在"和平号"空间站上取得了丰硕的研究成果。但由于"和平号"设备老化,加之俄罗斯资金匮乏,从 1999 年 8 月 28 日起,"和平号"进入无人自动飞行状态,最终于 2001 年 1 月 29 日返回大气层时,自行销毁,从而结束了它辉煌的生涯。

"和平号"空间站计划正式制定是在 1976 年。

它采用组合式积木结构,空间站主体仍然是一个

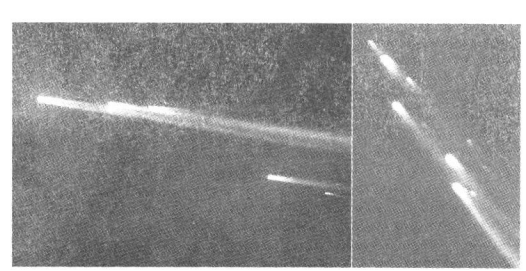

图 5.62 "和平号"空间站坠毁瞬间

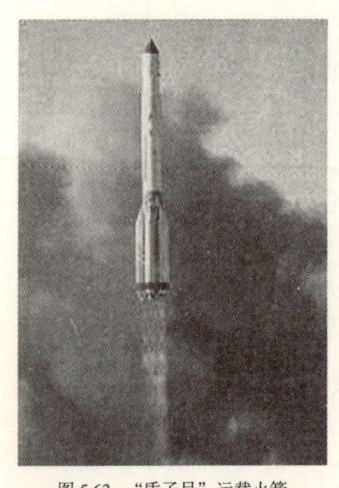
图 5.63 "质子号" 运载火箭

舱段结构。它总长 13.13 米，最大直径 4.2 米，总重 20.4 吨。它由 4 个基本部分组成：球形增压转移舱，直径 2.2 米，上面装有 5 个直径 0.8 米的对接窗口，径向 1 个，侧部对称 4 个；增压工作舱，这是空间站的主体，总长为 7.67 米，两个柱形段的直径分别为 2.9 米和 4.2 米；不增压服务 – 动力舱，位于空间站尾部，除装有主发动机和推进剂外，还装有天线、探照灯、无线电通信天线等；增压转移对接器，长 1.67 米，直径 2 米，位于服务 – 动力舱中央，提供第 6 个对接通道。

1986 年 2 月 20 日凌晨，一枚三级 "质子号" 运载火箭将 "和平号" 空间站主体发射升空。

1986 年 3 月 13 日，苏联发射了 "联盟 T–15" 飞船。航天员基齐姆和索洛维耶夫驾驶飞船于 15 日同 "和平号" 对接，并成为新空间站的第一批乘员。他们的主要任务是对空间站进行全面检查。1987 年 2 月 5 日，"联盟 TM–2" 发射，2 名航天员是罗曼年科和拉维金。1987 年 3 月 31 日，苏联用 "质子号" 运载火箭发射了第一个实验舱——"量子 1 号"，开始了 "和平号" 积木空间站的正式组装工作。

中期专业实验舱共有 5 个，分别是天文物理舱、服务舱、晶体舱、光学舱和自然舱，用于天文观测、对地观测、材料实验与加工、生物医学实验等。"量子 1 号" 发射后于 4 月 12 日同 "和平号"

硬对接成功。其余各舱分别于 1989 年 11 月 26 日、1990 年 5 月 31 日、1995 年 5 月 20 日、1996 年 4 月 23 日发射，它们与"和平号"对接后，组装工作全部完成。完整的"和平号"空间站全长达 87 米，质量达 123 吨，有效容积 470 立方米。它作为世界上第一个长期载人空间站，自诞生之日起，共在轨道上运行了 15 载，大大超过了 5 年的设计寿命。它绕地球飞行 8 万多圈，行程 35 亿千米，进行了 2.2 万次科学实验，完成了 23 项国际科学考察计划，共有 31 艘"联盟号"载人飞船、62 艘"进步号"货运飞船与其实现对接，还 9 次与美国航天飞机对接和联合飞行。航天员从这座"人造天宫"进行了 78 次太空行走，舱外活动的总时间达 359 小时 12 分钟。先后有 28 个长期考察组和 16 个短期考察组在上面从事考察活动，共有 12 个国家的 135 名航天员在空间站上工作。航天员在空间站上进行了大量生命科学实验、空间材料学和医学实验，取得了极为宝贵的成果和数据，并拍摄了许多恒星、行星的照片，进行了基本粒子和宇宙射线的探测，大大扩展了人类对宇宙的认识，还探索了从太空预报地震、火山爆发、水灾及其他自然灾害的可能性。

国际空间站

国际空间站的设想是 1983 年由美国总统里根首先提出的，即在国际合作的基础上建造迄今为止最大的载人空间站。经过近十余年的探索和多次重新设计，直到苏联解体、俄罗斯加盟，

图 5.64　初期建设中的"和平号"空间站

从 1965 年 3 月 18 日列昂诺夫实现人类第一次太空行走以来，到 2001 年 1 月 29 日"和平号"空间站自行销毁这一段时期内，"和平号"空间站可谓硕果累累，并创造了多项"世界之最"。

它是在太空工作时间最长、超期服役时间最长、工作效率最高、接待各国航天员最多的太空站，俄罗斯航天员波利亚科夫创造了单人连续在太空飞行 438 天的最高记录。

"和平号"空间站还在试验人造月亮、空间商业化等方面进行了许多有益的探索，获得了大量数据及具有重大实用价值的成果，为开发利用太空和人类在太空长期生活积累了丰富的经验。

在医学领域，研究了在太空使用的药物处方、航天员飞行后的体力恢复方法。

在生物学领域，研究了蛋白质晶体生长、高效蛋白质精制、特殊细胞分离、特种药品制备等。

在材料和空间加工领域，进行了 600 多种材料实验，制造了半导体、玻璃、特种合金等 35 种材料。

在对地观测方面，发现了 10 个地点可能有稀有金属矿藏，117 个地点可能存在石油。

此外，在天文观测方面也有许多重大发现，还开发了大量空间新技术。

图 5.65 在太空中运行的"和平号"空间站

国际空间站才于 1993 年完成设计，开始实施。

该空间站以美国、俄罗斯为首，包括加拿大、日本、巴西和欧

图 5.66　国际空间站，又名"阿尔发"空间站

空局（11 个国家）共 16 个国家参与研制。其设计寿命为 10~15 年，总质量约 423 吨、长 108 米、宽（含翼展）88 米，运行轨道高度为 397 千米，载人舱内大气压与地表面相同，可载 6 人。国际空间站结构复杂，规模大，由航天员居住舱、实验舱、服务舱、对接过渡舱、桁架、太阳能电池等部分组成，建成后总质量将达 438 吨，长 108 米。

　　组装成功后的国际空间站将作为科学研究和开发太空资源的重要手段，为人类提供一个长期在太空轨道上进行对地观测和天文观测的机会。

　　在对地观测方面，国际空间站比遥感卫星要优越。首先它是有人参与到遥感任务之中，因而当地球上发生地震、海啸或火山喷发等事件时，在站上的航天员可以及时调整遥感器的各种参数，以获得最佳观测效果；当遥感器等仪器设备发生故障时，又可随时维修到正常工作状态；它还可以通过航天飞机或飞船更换遥感仪器设备，使新技术及时得到应用而又节省经费。利用它对地球大气质量进行监测，可长期预报气候变化。陆地资源开发、海洋资源利用等方面，也都会从中受益。国际空间站在天文观测上要比其他航天器优越得多，是了解宇宙天体位置、分布、运动结构、物理状态、化学组成及其演变规律的重要手段。因为有人参与观测，再加上空间站在太空的活动位置和多方向性，以及机动的观察测定方法，因而可充分发挥仪器设备的作用。通过国际空间站，天文学家不仅能获得宇宙射线、亚原子粒子等重要信息，了解宇宙奥秘，而且还能对影响地球环境的天文事件（如太阳耀斑、暗条爆发等）做出快速反应，及时保护地球，保护在太空飞行的航天器及其成员。

　　国际空间站上的生命科学研究，可分为人体生命与重力生物学两方面。其中，人体生命科学的研究成果可直接促进航天医学的发展，例如，通过多种参数来判断重力对航天员身体的影响，可提高对人的大脑、神经、骨骼及肌肉等方面的研究水平。重力生物学和材料科学的研究与应用有广阔的前景，而国际空间站的微重力条件要比"和平号"空间站和航天飞机优越得多，特别是在材料发展上可能会起到一次革命性的进展。

　　仅就太空微重力这一特殊因素来说，国际空间站就能给研究生命科学、生物技术、航天医学、材料科学、流体物理、燃烧科学等提供比地球上好得多，甚至在地球上无法提供的优越条件，从而直接促进这些科学的进步。同时，国际空间站的建成和应用，也向建

图 5.67　国际空间站的现状

图 5.68　国际空间站的近景

造太空工厂、太空发电站、进行太空旅游、建立永久性居住区（太空城堡），向太空其他星球移民等载人航天的远期目标接近了一步。

图 5.69　建设中的国际空间站

国际空间站与航天飞机的最大不同是它可以长时间地环绕地球运行，按照设计，国际空间站的寿命是 15 年。在国际空间站上的航天员可以长时间地生活在太空，地面将不断地派遣长期考察组进入国际空间站，并停留较长时间。

由于航天员在国际空间站停留的时间长，他们可以进行更长时间、更深入的科学研究。例如，在进行失重对人体影响的研究时，在航天飞机中，只能观察短期失重对人体的影响，而在国际空间站上可以观察长期失重对人体的影响，并且由于空间站上实验设备齐全，航天员们可以进行更深入的研究。

- -

链接：国际空间站的结构

国际空间站的主要构成以及各国在国际空间站的建设中所参与的内容和做出的贡献如下：

①基础桁架。它用来安装各舱段、太阳能电池板、移动服务系统及站外暴露试验设施等。

②居住舱。它主要用于航天员的生活居住，其中包括走廊、厕所、淋浴、睡站和医疗设施，由美国承担研制并发射到太空。

图 5.70　正在建设中的国际空间站

③服务舱。它内含科学仪器设备等服务设施，也含一部分居住功能，由俄罗斯研制并发射。

④功能货舱。它内设有航天员生命保障设施和一部分带居住功能的设施（如厕所、卫生设施等），以及电源、燃料暂存地等，舱体外部设有多向对接口，由俄罗斯研制并发射。

⑤多个实验舱。其中美国1个、欧空局1个、日本1个、俄罗斯3个。美国、日本和欧空局的3个实验舱将提供总计为33个国际标准的有效载荷机柜；俄罗斯的实验舱中也有20个实验机柜。另外，日本的实验舱还连有站外暴露平台，用于对空间环境直接接触实验。

⑥3个节点舱。它们由美国和欧空局研制，是连接各舱段的通道和航天员进行舱外活动的出口。此外，节点1号舱还可作为仓库，用于存储；节点2号舱内有电路调节机柜，用于转换电能，供国际合作者使用；节点3号舱为空间站的扩展留有余地。

⑦能源系统和太阳能电池帆板。它们由美国和俄罗斯两国提供。

⑧移动服务系统。它由加拿大研制。

航天飞机

简　　介

1969 年 4 月，NASA 提出建造一种可重复使用的航天运载工具的计划。1972 年 1 月，美国正式把研制航天飞机空间运输系统列入计划。经

图 5.71　航天飞机

过 5 年时间，1977 年 2 月研制出一架"创业号"航天飞机轨道器，当时是由波音 747 飞机"驮"着进行了机载试验。1977 年 6 月 18 日，首次载人，还是用飞机"背"上天空试飞，参加试飞的是航天员海斯和富勒顿。8 月 12 日，载人在飞机上飞行试验圆满完成。又经过 4 年，也就是 1981 年，第一架载人航天飞机终于出现在太空舞台，这是航天技术发展史上的又一个里程碑。

航天飞机是一种垂直起飞、水平降落的载人航天器，它以火箭发动机为动力发射到太空，能在轨道上运行，且可以往返于地球表面和近地轨道之间，部分可重复使用。它由轨道器、固体燃料助推火箭和外储箱三大部分组成。

固体燃料助推火箭共两枚，发射时它们与轨道器的三台主发动机同时点火，当航天飞机上升到 50 千米高空时，两枚助推火箭停

图 5.72　航天飞机的主要组成部分

止工作并与轨道器分离，回收后经过修理可重复使用 20 次。外储箱是个巨大壳体，内装供轨道器主发动机用的推进剂，在航天飞机进入地球轨道之前主发动机熄火，外储箱与轨道器分离，进入大气层烧毁，外储箱是航天飞机组件中唯一不能回收的部分。航天飞机的轨道器是载人的部分，有宽大的机舱，并根据航天任务的需要分成若干个"房间"。其中有一个大的货舱，可容纳大型设备。轨道器中可乘载 3 名职业航天员（如指令长或机长、驾驶员、任务专家等）和 4 名其他乘员（非职业航天员）。其舱内大气为氮氧混合气体。航天飞机在太空轨道完成飞行任务后，轨道器下降返航，像一架滑翔机那样在预定跑道上水平

图 5.73　航天飞机飞行英姿

着陆（轨道器可重复使用 100 次）。

从 1981 年—1993 年底，美国一共有 5 架航天飞机进行了 59 次飞行，其中"哥伦比亚号"航天飞机 15 次，"挑战者号" 10 次，"发现号" 17 次，"亚特兰蒂斯号" 12 次，"奋进号" 5 次。每次载航天员 2~8 名，飞行时间 2~14 天，因此只能执行短期载人飞行任务。在 12 年中，已有 301 人次参加航天飞机飞行，其中包括 18 名女航天员。航天飞机的 59 次飞行中，在太空施放卫星 50 多颗，载 2 座空间站到太空轨道，发射了 3 个宇宙探测器，1 个空间望远镜和 1 个 γ 射线探测器，进行了卫星空间回收和空间修理，开展了一系列科学实验活动，取得了丰硕的探测实验成果。

- -

链接：美国航天飞机创造的纪录

1. 航天飞机首航指令长约翰·扬 6 次飞上太空，是世界上参加航天次数最多的航天员。

2. 1983 年 6 月 18 日女航天员莎丽·赖德乘"挑战者号"上天飞行，名列美国妇女航天的榜首。

3. 1983 年 8 月 30 日，"挑战者号"把美国第一个黑人航天员布鲁福德送上太空飞行。

4. 1984 年 2 月 3 日乘"挑战者号"上天的麦坎德利斯成为世界上第一位不系安全带到太空行走的航天员。

5. 1984 年 4 月 6 日"挑战者号"上天后，航天员首次抓获和修理轨道上的卫星成功。

6. 1984 年 10 月 5 日参加"挑战者号"飞行的莎丽文成为美国第一位到太空行走的女航天员。

7. 1985 年 1 月 24 日"发现号"升空，首次执行秘密的军事任务。

8. 1985 年 4 月 29 日，第一位华裔航天员王赣骏乘"挑战者号"上天参加科学实验活动。

9. 1985 年 11 月 26 日，"亚特兰斯号"载航天员上天第一次进行搭建空间站试验。

10. 1992 年 5 月 7 日"奋进号"首次飞行，航天员在太空第一次用手工操作抢救、回收卫星成功。

11. 1992 年 7 月 31 日"亚特兰蒂斯号"上天，首次进行绳系卫星发电试验。

图 5.74 美国"亚特兰蒂斯号"航天飞机在发射升空时的美丽瞬间

12. 1992 年 9 月 12 日"奋进号"将第一位黑人女航天员，第一位日本记者和第一对航天员夫妇载入太空。

航天飞机大家族

"哥伦比亚号"航天飞机

"哥伦比亚号"航天飞机是美国也是世界上第一架航天飞机。它于 1981 年 4 月 12 日首次发射。"哥伦比亚号"机舱长 18 米，能装运 36 吨重的货物。航天飞机外形像一架大型三角翼飞机，机尾装有三个主发动机，和一个巨大的推进剂外贮箱，里面装着几百吨重的液氧、液氢燃料。它附在机身腹部，供给航天飞机燃料以进入太空轨道；外贮箱两边各有一枚固体燃料助推火箭。整个组合装置重约 2000 吨。在返航时，它能借助于气动升力的作用，滑行上万千米的距离，然后在跑道上水平降落。与此同时，在滑行中，它还能向两侧方向作 2000 千米的机动飞行，以选择合适的着陆场地。

图 5.75 "哥伦比亚号"航天飞机

2003 年 1 月 16 日，"哥伦比亚号"进行了它的第 28 次飞行，这也是美国航天飞机 22 年来的第 113 次飞行。然而很不幸的是，就在它执行完任务于 2003 年 2 月 1 日重返大气层的时候突然与控制中心失去联系，不久后在得克萨斯州上空爆炸解体，机上 7 名航天员全部罹难。

"挑战者号"航天飞机

"挑战者号"航天飞机是美国正式使用的第二架航天飞机，于

图 5.76 发射中的"哥伦比亚号"

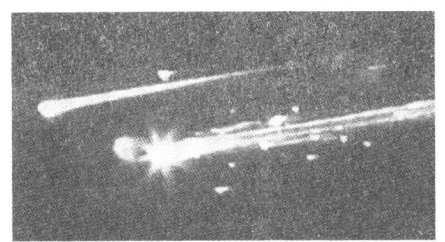

图 5.77 "哥伦比亚号"解体瞬间

1983 年 4 月 4 日正式进行首航任务。与"哥伦比亚号"相比,"挑战者号"的一个很突出的特点就是"苗条"了很多。经过改装后,整架航天飞机的空重为 70552 千克,加上主发

图 5.78 "挑战者号"航天飞机

动机后重 79500 千克,比"哥伦比亚号"航天飞机约轻了 1311 千克。对于"挑战者号"航天飞机来说,它有着两种截然不同的"人生":前半生甘当默默无闻的"幕后英雄",后半生则是人见人爱的"飞天勇士"。

1972 年,"挑战者号"完工投入使用时,只是作为一个测试体而存在的。NASA 建造它的目的是用来对航天飞机的机身结构安全性进行高空仿真模拟测试。太空舱本身虽然是一种需要承受极大外力的飞行工具,但它同时也需要尽可能地减轻本身重量,因此几乎整架机身的每一部分,都负担了非常大的结构应力。为了安全,唯一的解决方法就是用真的太空舱进行测试分析,这也是"挑战者号"被制造出来的原因。"挑战者号"完成了初期的测试任务后,就被改装成正式的轨道载具,主要用来担负往返地球与外太空之间的轨道运输工作。

观其一生,"挑战者号"航天飞机,虽然短暂,却是辉煌的一生,灿烂的一生。也可以说是"天妒英才"吧,它最终也像"哥伦比亚号"那样以悲剧收场——"挑战者号"在 1986 年 1 月 28 日进行第 10 次太空任务时,因为右侧固态火箭推进器上面的一个 O 形

图 5.79 "挑战者号"升空瞬间

图 5.80 "挑战者号"航天飞机失事瞬间

环失效，导致一系列的连锁反应，并且在升空 72 秒后，爆炸解体坠毁。机上的 7 名航天员全在这次意外中丧生。

"发现号"航天飞机

"发现号"航天飞机是 NASA 的肯尼迪宇宙中心的第三架实际执行太空飞行任务的航天飞机。它的首次飞行是在 1984 年 8 月 30 日，一直到今天为止，"发现号"仍在服役中，它负责进行各种科学研究与作为国际空间站计划的支援。

"发现号"航天飞机的建造与在它之前的"挑战者号"航天飞机、"奋进号"航天飞机（后被放弃）以及"哥伦比亚号"航天飞机不一样，它属于 NASA 建造的航天飞机之中第二期的产品。因此，"发现号"在设计组装的过程中采用了许多来自"奋进号""哥伦比亚号"与"挑战者

图 5.81 "发现号"航天飞机发射升空

图 5.82 "发现号"航天飞机矗立在发射台上等待发射（一）

图 5.83 "发现号"航天飞机矗立在发射台上等待发射（二）

号"的实际测试与飞行数据以及经验，设计上较为成熟。出厂时其重量与"哥伦比亚号"相比，约减轻了 3120 千克，与"挑战者号"相比，约减轻了 1809 千克，空重为 68744 千克，装上三具主引擎后总重才 77634 千克。

"发现号"航天飞机所承载的主要任务很多。主要是发射人造

图 5.84 "发现号"航天飞机发射升空全景图

卫星、进行航天器的维修（如 1999 年对"哈勃"望远镜的维修）、组装国际空间站、国际空间站的人员轮调与运送补给以及进行太空实验等。

"亚特兰蒂斯号"航天飞机

1985 年，"亚特兰蒂斯号"成为 NASA 的第四架航天飞机。与前面几架航天飞机不同，"亚特兰蒂斯号"航天飞机设计时就突出了任务适应性。它的空重为 68652 千克，装发动机后重 77566 千克。

"亚特兰蒂斯号"航天飞机采用的是模块化设计，整个系统包括三大模块：

①外部燃料箱。外表为铁锈颜色，主要由前部液氧箱、后部液氢箱以及连接前后两箱的箱间段组成。外部燃料箱负责为航天飞机的三台主发动机提供燃料。外部燃料箱是航天飞机三大模块中唯一不能重复使用的部分，发射后约 8 分 30 秒，燃料耗尽，外部燃料箱便被坠入到大洋中。

图 5.85 "亚特兰蒂斯号"航天飞机矗立在塔架上等待安装

②一对固体火箭助推器。这对火箭助推器中装有助推燃料，平行安装在外部燃料箱的两侧，为航天飞机垂直起飞和飞出大气层进入轨道，提供额外推力。在发射后的头 2 分钟

图 5.86 "亚特兰蒂斯号"航天飞机发射升空

图 5.87 "亚特兰蒂斯号"航天
飞机与空间站对接

图 5.88 返回地球，正在着陆的"亚特兰蒂斯号"航天飞机

内，与航天飞机的主发动机一同工作，到达一定高度后，与航天飞机分离，前锥段里降落伞系统启动，使其降落在大西洋上，可回收重复使用。

③轨道器。外形像普通飞机一样的轨道器就是人们通常所说的航天飞机，它是整个航天飞机系统的主体，相当于系统的"大脑和心脏"。机体分为机头、机身、机尾 3 段。机头是乘员密封舱，通常最多容纳 7 人；机身是一个大货舱，可以与国际空间站对接，里面还安装有遥控机械臂，用于搬运货物或进行轨道器检查等工作；机尾是 3 台主发动机。

"亚特兰蒂斯号"航天飞机的第一次飞行是美国空军的一次机密行动，它把两颗国防通信卫星送入太空。这架航天飞机一些更加引人注目的飞行行动包括 1989 年将"伽利略号"和"麦哲伦号"行星探测器送入太空，1991 年将康普顿伽马射线观测台送入太空，1995 年 6 月 27 日首次完成了与俄罗斯"和平号"空间站的对接飞行，1996 年 3 月 22 日将美国航天员莎朗·露西德送到俄罗斯的"和平号"空间站，露西德在空间站上停留了 6 个月，打破了太空停留

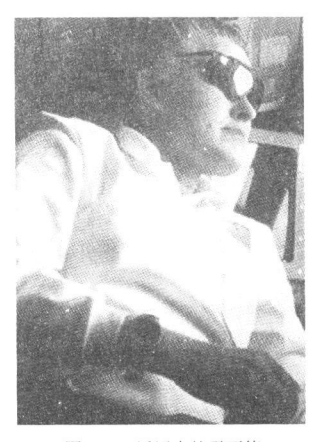

图 5.89 返回中的露西德　　　　图 5.90 "奋进号"航天飞机升空

时间的记录，之后"亚特兰蒂斯号"航天飞机又把她接回了地面。

"奋进号"航天飞机

"奋进号"是 NASA 最新建造的一架航天飞机轨道飞行器。它是由 NASA 于 1991 年建造，用来替代 1986 年在爆炸中被毁坏的"挑战者号"的。"奋进号"高 36.6 米，宽 23.4 米，重 71 吨，造价超过 20 亿美元。它是 NASA 建造的五架航天飞机之一。

与前几架航天飞机相比，"奋进号"航天飞机除了电子设备有所改进之外，在尾部还增加了一个减速伞，可以缩小着陆后在跑道上滑行的距离。作为第五架实际执行太空飞行任务也是最新的一架航天飞机，"奋进号"

图 5.91 "奋进号"航天飞机盘立在发射台上等待发射

航天飞机首次飞行是在 1992 年 5 月 7 日，主要任务是作为国际空间站计划的支援，跟"发现号"差不多。

作为最新一代的航天飞机，我们

图 5.92　返回地球，正在着陆的"奋进号"航天飞机

有理由相信，"奋进号"航天飞机一定会像它的名字那样带动和引领人类的载人航天事业奋勇前进，再创佳绩！

链接：美国航天飞机的命名

美国的航天飞机都是以早期的研究船名命名的。

①"哥伦比亚号"航天飞机是为了纪念第一艘环绕世界一周航行的美国籍船只，这艘船就是 18 世纪帆船"哥伦比亚号"，同时，它也是"哥伦比亚"河命名的由来。

图 5.93　发射中的"亚特兰蒂斯号"航天飞机

②"挑战者号"航天飞机取自于 1870 年航行于大西洋与太平洋上的英国海军考察船"挑战者号"。除此之外，"挑战者"这名字，

也曾经被拿来命名"阿波罗17号"的登月模组。

③"发现号"航天飞机的命名，源自于一艘18世纪时的英国探险船，它就是伴随著名的詹姆斯·库克船长远征南太平洋的"发现号"。在库克船长的探险中，完成了包括发现夏威夷群岛、新西兰乃至于确认澳洲大陆存在等功绩。

④"亚特兰蒂斯号"航天飞机是以美国第一艘远洋船舶的名字命名的，这艘轮船从1930年—1966年在马萨诸塞州的伍兹霍尔海洋研究所被用来进行研究。

⑤"奋进号"是美国一系列航天飞机之中首架以公开征名竞赛的方式由美国的中小学生决定命名的航天飞机，并由乔治·布什总统在1989年时正式宣布其命名。同美国历架航天飞机的命名原则一样，"奋进号"的名字也是源自一艘早年的研究调查船——詹姆斯·库克船长在1768年第一次远征时所搭乘的一艘368吨等级的三桅帆船"奋进号"。由于这是一艘英国籍的船只，这也解释了为何"奋进号"的名字是用英式英文的"Endeavour"而非美式英文的"Endeavor"拼法。

苏联的"暴风雪号"航天飞机

"暴风雪号"航天飞机大小与普通大型客机相差不多，外形同美国航天飞机相仿，机翼呈三角形。机长36米，高16米，翼展24米，机身直径5.6米，起飞重量105吨，返回后着陆重量为82吨。它有一个长18.3米、直径4.7米的大型货舱，能把30吨货物送上近地轨道，将20吨货物运回地面。头部有一个容积70立方米的乘员座

图 5.95　飞行中的"暴风雪号"航天飞机

舱，可乘 10 人，设计飞行寿命 100 次。

1988 年 11 月 15 日，"暴风雪号"航天飞机从拜科努尔航天中心首次发射升空，47 分钟后进入距地面 250 千米的圆形轨道。它绕地球飞行两圈，在太空遨游 3 小时后，按预定计划于 9 点 25 分安全返航，准确降落在离发射点 12 千米外的混凝土跑道上，完成了一次无人驾驶的试验飞行。"暴风雪号"的成功首飞给各国带来了很大影响，人们期待着它能够早日做载人飞行。同年，苏联发行了一枚以"暴风雪号"为主题的邮票。

图 5.96　矗立在发射台上等待发射的"暴风雪号"航天飞机

然而就在 1988 年首飞后，用于"暴风雪"计划的资金也濒临耗尽——仅仅是开发航天飞机系统本身就花费了 13 亿卢布之巨，整个项目的开销超过了 200 亿卢布。苏联解体后，昔日的计划更是彻底失去了经济支持。1991年，苏联军方停止了对该计划的拨款支持。1993年，"暴风雪号"航天飞机机身的设计者，莫尔尼亚联合体被迫承认，"暴风雪"计划就此结束。到2002年，"暴风雪号"航天飞机因拜科努尔的厂房坍塌而被摧毁。至此，"暴风雪"计划彻底终结。

图5.97 苏联为纪念"暴风雪号"航天飞机而发行的邮票

图5.98 "暴风雪号"航天飞机后来被德国的一家博物馆买去收藏，图为德国用飞机将其运往展馆，"暴风雪号"航天飞机就"骑"在飞机的背上

　　因为向往自由的天空，人类向太空迈出了自己的脚步，这些脚步或大或小，或轻或重，却已在那蔚蓝的天幕上刻下了抹不去的印记。从地球仰望，天空是那样的遥远清澄，更远的地方在哪里呢？美国正在计划重返月球，全世界的目光都在期盼那天的到来，星际航行还会远吗？我们会不会和外星人来个约会？人类会不会终有一天移民到别的星球上去？人类对太空的向往、对未知的渴望推动着我们前进。而就在这样的期盼当中，中国的航天员终于也踏上自己的漫步太空之旅了。中国正在向宇宙宣布：我们，来了！